KB064124

AX시대, 생성형 AI 활용 자동화 비법

공저 최재용 강미숙 김도윤 김현호 윤지원
이경숙 이차순 최 영 최정숙
감수 김진선

미디어북

AX시대, 생성형 AI 활용 자동화 비법

초 판 인 쇄 2024년 3월 20일
초 판 발 행 2024년 3월 28일

공 저 자 최재용 강미숙 김도윤 김현호 윤지원
이경숙 이차순 최 영 최정숙
감 수 김진선

발 행 인 정상훈
디 자 인 신아름
펴 낸 곳 **미디어북**

서울특별시 관악구 봉천로 472
코업레지던스 B1층 102호 고시계사

대 표 02-817-2400 팩 스 02-817-8998
考試界 · 고시계사 · 미디어북 02-817-0419
www.gosi-law.com
E-mail : goshigye@chollian.net

판 매 처 미디어북·고시계사
주 문 전 화 817-2400
주 문 팩 스 817-8998

정가 18,000원 ISBN 979-11-89888-80-0 13560

미디어북은 고시계사 자매회사입니다

AX시대, 생성형 AI 활용
자동화 비법

Preface

우리가 살고 있는 현대 사회는 빠르게 변화하고 있으며, 그 중심에는 인공지능(AI) 기술이 자리 잡고 있다. AI는 단순한 기술 발전을 넘어 우리의 일상과 업무 방식에 근본적인 변화를 가져오고 있다. 이 책은 AI, 특히 생성형 AI의 다양한 활용 사례와 그로 인한 변화의 물결을 소개하며 이를 통해 개인과 조직이 어떻게 변화의 선두에 서 있을 수 있는지를 탐구한다.

'AX 시대 MS 코파일럿 활용'에서 최재용 저자는 AI가 업무 협업과 생산성 향상에 어떻게 기여할 수 있는지를 심층적으로 분석했다. 이는 AI가 단순한 도구가 아니라, 창의적 과정의 중요한 파트너로 자리 잡고 있음을 보여주고 있다.

강미숙 저자의 '챗GPT 활용 소상공인 마케팅 역량 강화를 위한 매뉴얼 가이드'는 소상공인들이 AI를 활용해 자신들의 마케팅 전략을 어떻게 강화할 수 있는지 구체적인 방법을 제시하고 있다. 이를 통해 소상공인들도 마케팅에서 경쟁 우위를 점할 수 있게 된다.

'AI 활용 업무 효율화가 산업에 미치는 영향'에서 김도윤 저자는 AI의 분석력과 데이터 처리 능력이 어떻게 업무 효율성을 향상시키는지 다양한 사례를 통해 살펴보고, 사례를 통해 어떤 활용 가치가 있고 효율성을 올려야 할지 대안을 제시하고 있다.

김현호 저자는 '생성형 AI를 활용한 개인화된 업무 전략 구축 방법'을 통해 AI가 개인의 업무 스타일에 맞춤화된 솔루션을 제공하는 방법을 탐구하고 있다, 개인의 업무 만족도와 효율을 동시에 높이는 길을 제시하고 있다.

'모바일에서 만나는 AI 챗봇 어플'에서 윤지원 저자는 일상생활에서 AI 챗봇이 제공할 수 있는 다양한 서비스와 정보의 예를 들며, AI가 어떻게 우리의 삶을 더 편리하게 만들 수 있는지를 보여주고 있다.

최영 저자의 '생성형 AI 챗GPT, GPTS 300% 활용 1인 스타트업 도전! 든든한 챗봇 비서 leo'는 AI가 어떻게 창업자들의 업무 부담을 줄이고, 창의적인 아이디어를 실현하는 데 도움을 줄 수 있는지를 보여주고 있다.

이경숙 저자의 '처음 시작하는 기업 홍보, 생성형 AI로 뚝딱! 챗GPT+VREW'는 AI를 활용해 기업 홍보 자료를 손쉽게 생성하고, 이를 통해 보다 효과적인 커뮤니케이션 전략을 구사할 수 있는 방법을 소개하고 있다.

'기업 홍보, 이제는 D-ID로!'에서 이차순 저자는 디지털 아이덴티티(D-ID) 기술을 활용해 기업 홍보 전략을 어떻게 혁신할 수 있는지 탐구하고 있다. 이는 기업이 자신들의 브랜드와 메시지를 더욱 개인화하고 맞춤화해 전달할 수 있는 새로운 길을 열어주고 있다.

마지막으로, 'Gamma app으로 업무 효율 극대화하기'에서 최정숙 저자는 Gamma 앱과 같은 AI 기반 도구들이 업무 효율성을 어떻게 극대화할 수 있는지 실용적인 사례와 함께 설명하고 있다. 이는 AI가 개인의 업무 능력을 향상시키는 데 얼마나 중요한 역할을 할 수 있는지를 보여주고 있다.

이 책은 AI 기술, 특히 생성형 AI가 사회와 산업 전반에 미치는 영향을 다각도에서 조명하고 있다. 각 저자의 고유한 관점과 전문 지식을 통해 독자들은 AI 기술이 제공하는 무한한 가능성과 기회를 탐색할 수 있게 된다. 이는 기술이 인간의 창의성을 어떻게 확장시키고, 업무 프로세스를 개선하며, 삶의 질을 높이는 데 기여할 수 있는지를 보여 주는 강력한 증거이다.

본 서문을 통해 독자들은 AI 기술의 현재와 미래에 대한 깊은 이해를 얻을 수 있을 것이다. 또한 AI를 활용해 자신의 업무, 비즈니스, 심지어 일상생활까지 혁신할 수 있는 구체적인 방법론을 배울 수 있다.

변화하는 디지털 환경 속에서 AI 기술은 우리 모두에게 새로운 기회의 창을 열어주고 있다. 이 책이 그 여정의 첫걸음이 돼, 독자 여러분이 AI 시대를 살아가는 데 있어 든든한 길잡이가 되길 바란다. AI의 미래는 우리의 손안에 있으며, 이 책을 통해 그 가능성을 최대한으로 탐구하고 활용하는 방법을 배우게 될 것이다.

끝으로 이 책의 감수를 맡아 수고하신 파이낸스투데이 전문위원, 이사이며 현재 한국메타버스연구원 아카데미 원장이신 김진선 교수님께 감사를 드리며 미디어북 임직원 여러분께도 감사의 말씀을 전한다.

2024년 3월

디지털융합교육원 원장 **최 재 용**

공저자 소개

최 재 용

과학기술정보통신부 인가 사단법인 4차산업혁명연구원 이사장과 디지털융합교육원 원장으로 전국을 누비며 생성형 AI 활용 업무효율화 강의를 하고 있다. 또한 한성대학교 지식서비스&컨설팅대학원 스마트융합컨설팅학과 겸임교수로 근무하고 있다.

(mdkorea@naver.com)

강 미 숙

미래교육콘텐츠랩 대표. 중장년 기술센터 디자인 자문위원. (사)중소상공인SNS마케팅지원협회 부회장이다. 현재 창업 경영 박사과정 학위기이며 공공기관 및 교육기관에서 챗GPT 활용한 인공지능 업무 효율화 강의와 소상공인들을 위한 챗GPT를 활용한 마케팅 강의를 하고 있다. (dongseom63@gmail.com)

김 도 윤

에스씨씨 대표(경영자문사)로 성균관대학교 대학원에서 언론학을 전공하고 YTN PD와 메리츠금융그룹 홍보팀, 지점장을 거쳐 중소기업 경영 자문회사를 운영하고 있다. 미국GLG컨설팅그룹 자문위원, 창업진흥원 평가위원, 국제컨설턴트협회 전문위원, 한경련 ESG컨설턴트로 활동하고 있다. (dododo1977@naver.com)

김 현 호

과학기술 정보통신부 인가 (사)4차산업혁명연구원 산하 디지털융합교육원 지도교수 및 선임연구원이며 또한 인공지능 콘텐츠 1급 강사이다.

(skswjs88@naver.com)

윤 지 원

디지털융합교육원 지도교수, 지원성장스쿨 커뮤니티 리더, 한국명강사평생교육원 대표강사, 전국 공공기관, 복지관에서 힐링 강의, 디지털 소통 1.3 세대 스마트폰 세대 통합 강의와 인공지능 콘텐츠 AI 강의를 하고 있으며, 스마트폰 활용 강사를 양성하고 있다.

(jiwon4211@naver.com)

이 경 숙

주디AI스튜디오를 운영하고 있으며 AI 활용 콘텐츠전문가 & AI 아트 작가로 강의와 시화전에 참여, 디지털융합교육원 선임연구원·지도교수이며 (사)중소상공인SNS마케팅지원협회 이사로 AI 활용 홍보영상, 유튜브 & 틱톡 & 단편영화 제작자로 활동 중이다.

(sook8530@naver.com)

공저자 소개

이 차 순

디지털융합교육원 지도교수이자 혜움앤인 교육센터의 부대표이다. 소통, 리더십 등 다양한 분야의 교육을 진행하고 있으며, 현재는 챗GPT와 생성형 AI 교육에 전념하고 있다. 특히 생성형 AI를 활용한 디자인 아트 분야에 중점을 두어 학습자들이 AI 기술을 쉽게 이해하고 활용할 수 있도록 지도하고 있다.

(bangi10@daum.net)

최 영

19년간 중국어 강의와 디지털 융합 교육원에서 선임연구원으로 활동하며, 인공지능 콘텐츠 강사 경진대회에서 '대상'을 수상한 바 있다. 다독다독북클 커뮤니티 대표로서 200여 명의 디지털 튜터 강사를 양성했으며 두 권의 책을 출간했다.

(csz200085@naver.com)

최 정 숙

엔젤다빈치AI아카데미 원장, 포커스바이오 회장, 디지털융합교육원 교수, 비즈니스 코치로 활동하고 있다. 마케팅리서치 회사를 창업해 17년간 경영했고 한국여성벤처협회 회장, 중소기업기술정보진흥원 이사를 역임했다. AI, 챗GPT와 리더십 관련 강의, 코칭, 컨설팅을 하고 있다. (jschoi@frc.co.kr)

감수자

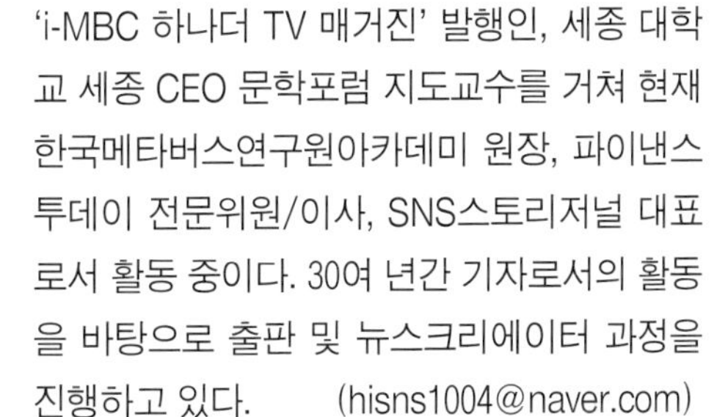

김 진 선

'i-MBC 하나더 TV 매거진' 발행인, 세종 대학교 세종 CEO 문학포럼 지도교수를 거쳐 현재 한국메타버스연구원아카데미 원장, 파이낸스투데이 전문위원/이사, SNS스토리저널 대표로서 활동 중이다. 30여 년간 기자로서의 활동을 바탕으로 출판 및 뉴스크리에이터 과정을 진행하고 있다. (hisns1004@naver.com)

Contents

AX 시대 MS 코파일럿 활용

챗GPT 활용 소상공인 마케팅 역량 강화를 위한 매뉴얼 가이드

AI 활용 업무 효율화가 산업에 미치는 영향

Contents

생성형 AI를 활용한 개인화된 업무 전략 구축 방법

모바일에서 만나는 AI 챗봇 어플

생성형 AI 챗GPT, GPTS 300% 활용 1인 스타트업 도전! 든든한 챗봇 비서 'leo'

Contents

Contents

Contents

기업 홍보, 이제는 D-ID로!

CHAPTER 9

Gamma app으로 업무 효율 극대화하기

1

AX 시대 MS 코파일럿 활용

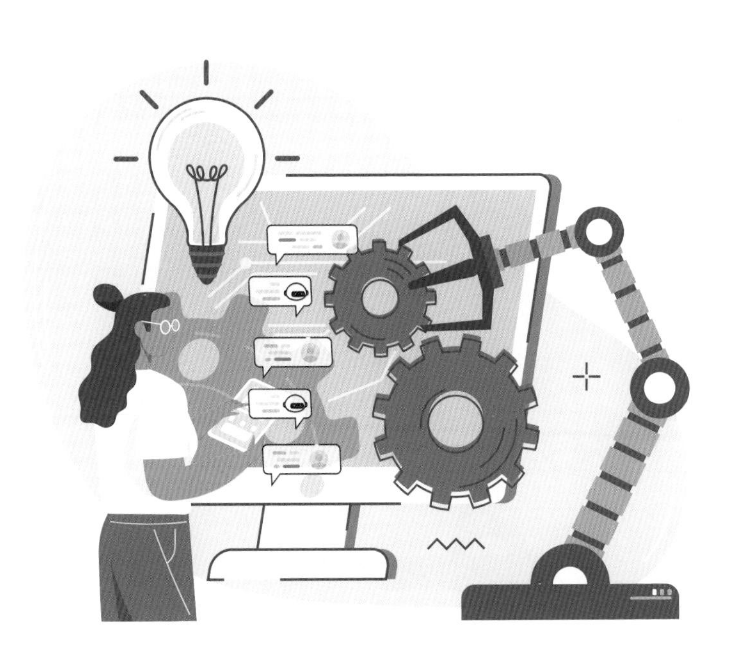

최 재 용

제1장
AX 시대 MS 코파일럿 활용

Prologue

세상이 급변하는 이 시점에 인공지능(AI)의 혁신은 우리의 일상과 업무 방식에 전례 없는 변화를 가져왔다. 뱅크오브아메리카(BoA)는 인공지능(AI) 금융 비서를 통해 소비자의 금융·비금융 정보를 학습시켜 일 평균 150만 명의 이용자에게 음성 계좌조회 및 자금 이체 등 다양한 금융서비스를 제공하고 있다.

영국의 핀테크 기업 클레오(Cleo)는 생성형 AI를 활용해 개인화한 금융 조언 서비스를 제공한다. 챗봇은 Z세대(1990년대 중반에서 2000년대 초반에 태어난 젊은 세대)의 언어와 밈(meme) 등을 적극 활용해 어려운 금융 전문용어 대신 친구와 대화하는 방식으로 자산관리 서비스를 제공한다.

교보생명 또한 교보GPT와 챗봇 등 다양한 AI 활용 서비스를 활용하고 있다. 교보생명은 사고 보험금 접수 및 모니터링 자동화, 고객 맞춤 AI 서비스, 내근사원의 업무 생산성 향상 등에 AI 기술을 활용하고 있다.

현대 백화점의 AI 카피라이터 '루이스'의 활용, 삼성 생명의 생성형 AI 활용 CF 성공 등 AI의 역할은 단순한 도구를 넘어 기업에서 창의성과 생산성의 새로운 지평을 열었다. 이러한 변화의 중심에서 우리는 'AX 시대'라 불리는 새로운 시대의 문턱에 서 있다. AI와 협력해 무한한 가능성을 탐색하는 시대, 초 개인의 시대가 바로 우리 앞에 펼쳐져 있다. 이런 시대에 '마이크로소프트 코파일럿'의 기업 활용에 대해 알아본다.

1. MS 코파일럿 활용

1) MS 코파일럿 이란?

코파일럿이란 부기장이라는 뜻으로 이제 MS오피스가 수동적인 툴이 아닌 사용자인 기장을 능동적으로 돕는 부기장의 역할을 한다는 뜻이다. 기존에 있는 데이터를 요약하고, 합치고, 편집해 새로운 자료를 만들어 내는 생성형 AI를 마이크로소프트 오피스(엑셀, 파워포인트, 워드, 아웃룩, 팀즈) 안에서 사용할 수 있는 기능이다. 비즈니스 채팅을 통해 필요한 내용을 바로바로 요약하거나 편집해 사용자에게 제공해 주는 새로운 업무처리의 패러다임을 보여 줄 것으로 기대된다.

MS 코파일럿 시스템은 '마이크로소프트 365 앱'(엑셀, 파워포인트, 워드, 아웃룩, 팀즈)과 '마이크로소프트 그래프'(사용자의 이메일, 파일, 회의자료, 스케줄 및 연락처와 같은 개인 업무에 필요한 데이터) 그리고 방대한 언어모델인 'LLM'(사용자가 읽을 수 있는 텍스트를 분석하고 생성할 수 있는 창의적인 엔진)으로 구성돼 있다.

MS 코파일럿은 마이크로소트 365 앱을 통해 마이크로소프트 그래프에 접근해 Grounding이라는 접근 방식을 통해 사전에 사용자의 업무 처리를 할 준비를 하며, 이 과정을 프리프로세싱(pre-processing)이라고 한다. 이 과정을 통해 결과물에 대한 품질을 향상하며 빠른 업무 처리와 적절하고 실행가능한 답변을 얻을 수 있다.

코파일럿은 마이크로소프트 그래프 호출을 통해 비즈니스 콘텐츠 및 업무에 필요한 다양한 데이터를 불러올 수 있으며, 이 데이터를 바탕으로 사용자가 입력한 프롬프트를 결합해 수정하고 개선한 데이터를 LLM으로 보내게 된다. 모든 과정에는 책임 있는 AI 보안 준수 및 개인정보 검토를 확인한다.

2) 마이크로소프트 365 코파일럿(MS 365 코파일럿)의 주요 장점

(1) 간편한 사용법

MS 365 코파일럿은 사용자가 자연어로 요구사항을 입력하거나, 데이터 파일을 드래그해 명령어 입력 창에 넣는 것만으로 쉽게 사용할 수 있다.

(2) 생산성 향상

오피스 프로그램(워드, 엑셀, 파워포인트)에서 AI를 활용해 문서 작성, 데이터 분석, 발표 자료 준비 등의 작업을 빠르고 효율적으로 수행할 수 있게 도와준다.

(3) 다양한 플랫폼 지원

윈도우, 맥, 안드로이드, iOS 등 다양한 운영 체제에서 사용이 가능하다.

(4) 다국어 지원

여러 언어를 지원해 다양한 사용자의 요구를 충족시킬 수 있다. 이러한 장점들은 사용자가 일상적인 업무를 보다 쉽고 빠르게 처리할 수 있도록 도와주며, 특히 문서 작성이나 데이터 분석과 같은 반복적이고 시간이 많이 소요되는 작업에서 큰 도움이 된다.

[그림1] 코파일럿 활용 생산성 향상

(5) Microsoft 365 앱

Word, Excel, PowerPoint, Outlook, Teams 등의 Microsoft 365 앱과 통합돼 사용자의 작업을 간소화하고 생산성을 향상시키는 데 도움을 준다. 사용자는 자연어를 사용해 코파일럿에 질문하거나 작업을 요청할 수 있으며, 코파일럿은 다양한 소스에서 정보를 검색하고 정리해 제공한다. 예를 들어 Word에서는 사용자가 만든 메모나 다른 문서를 바탕으로 제안서 초안을 작성하는 데 도움을 줄 수 있으며, PowerPoint에서는 Word 문서를 기반으로 한 프레젠테이션을 자동으로 생성할 수도 있다.

① Word

문서 작성 툴이니만큼 가장 GPT-4의 본래 기능과 겹치는 부분이 많다. Copilot이 초안 작성을 해주고, 기존 글을 사용자의 입맛에 맞게(예: 조금 더 간결하게, 이 부분은 명료하게 등) 수정을 해주는 기능이 있다.

② PowerPoint

프레젠테이션을 직접 만들어 주고, 발표자 노트도 작성해 주며, 경우에 따라 애니메이션까지 넣어준다. 이 역시 사용자의 입맛에 맞게 내용 수정이 가능하다. PPT를 보기 좋게 만드는 데에는 생각보다 엄청난 시간이 소요되는데 이를 통해 업무의 효율성이 증대될 것으로 보인다.

③ Excel

사용자의 자연어로 된 요구에 맞는 함수를 자동으로 실행해서 인사이트 확보, 동향 파악, 전문적인 데이터 시각화 등이 단 몇 초 만에 가능하게 한다. 자연어로 수식은 물론 데이터 세트에 대해서도 질문할 수 있으며, 코파일럿은 상관관계를 밝히고 가상 시나리오를 제안하며, 질문에 기반한 새로운 수식을 제안한다.

④ Teams

Copilot이 미팅 주요 논의 사항을 실시간 요약하거나 놓친 부분을 알려준다. 여기에는 누가 무슨 말을 했고, 어떤 부분에서 참석자들의 의견이 일치 혹은 불일치했는지 등도 포함된다. 대화의 맥락에 맞게 행동이 필요한 항목도 제안한다.

(6) 다양한 Microsoft 365 애플리케이션과의 통합

① 컨텍스트 인텔리전스(Contextual Intelligence)

코파일럿은 사용자의 현재 작업 환경과 상황을 인지하고, 이에 기반한 적절한 지원을 제공한다. 예를 들어 특정 프로젝트와 관련된 문서를 작업 중일 때, 코파일럿은 관련 데이터나 정보를 제시해 보다 유용한 지원을 할 수 있다.

② 작업 자동화(Task Automation)

반복적인 작업을 자동화함으로써 사용자의 시간을 절약하고 업무 효율성을 증가시킨다. 이는 데이터 입력, 표준 문서 형식 작성 등의 반복적인 업무를 줄이는 데 도움이 된다.

③ 창의적 지원(Creative Assistance)

코파일럿은 아이디어 제안, 설계, 내용 생성 등의 창의적인 작업에도 도움을 준다. 예를 들어 프레젠테이션 레이아웃 제안이나 콘텐츠 창작에 대한 아이디어를 제공할 수 있다.

④ 데이터 분석(Data Analysis)

코파일럿은 데이터를 정리하고 차트를 작성하며, 중요한 통찰력을 추출하는 데 도움을 주며, 이를 통해 복잡한 데이터 세트를 보다 쉽게 이해하고 활용할 수 있다.

⑤ 커뮤니케이션 지원(Communication Assistance)

이메일 작성, 회의 요약 생성 등의 커뮤니케이션 관련 작업 역시 지원한다. 예를 들어 회의 내용을 요약하거나 이메일 초안을 작성하는 데 도움을 준다.

3) 가입 방법

2024년 1월 국내에 정식 출시됐다. 연 69만 원 이상인 고가 요금제를 가입해 사용하거나, 월 20달러의 Copilot Pro를 구독해 웹 버전 Microsoft 365 Copilot을 사용할 수 있다.

자세한 가입 방법은 다음의 QR코드를 스캔하면 볼 수 있다.

[그림2] 가입 방법 QR코드 이미지

4) 무료 버전 사용법

(1) MS 코파일럿과 같이 보며 분석하기

코파일럿은 기본적으로 엣지브라우저를 사용해야 한다. 윈도우를 쓰는 사용자는 모두 탑재가 돼 있고 없는 사용자는 다운받으면 된다. 엣지브라우저로 접속해서 로그인하고 오른쪽 상단을 클릭한다.

[그림3] 코파일럿 클릭

그러면 아래 화면과 같이 오른쪽에 창이 나타난다. 하단에 텍스트 박스에 입력하면서 사용하면 된다. 이렇게 세팅이 되면 왼쪽에 띄워져 있는 페이지를 코파일럿이 함께 보고 있다고 생각하면 된다.

이 상태에서 프롬프트 시작을 '이 페이지를 요약해 줘'라고 하면 요약해 준다. 하단에 보면 캡처 버튼이 있어서 이미지를 캡쳐해서 분석해 달라고 명령하면 분석해 준다.

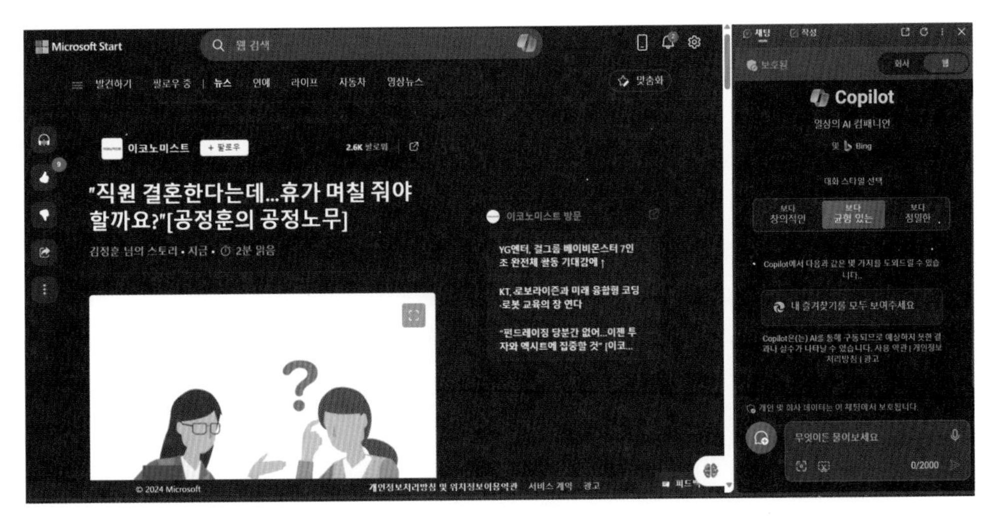

[그림4] 코파일럿에서 홈페이지 요약

이렇게 사용하려면 우측 상단에 점 3개를 클릭하고 알림 및 앱 설정을 누른다.

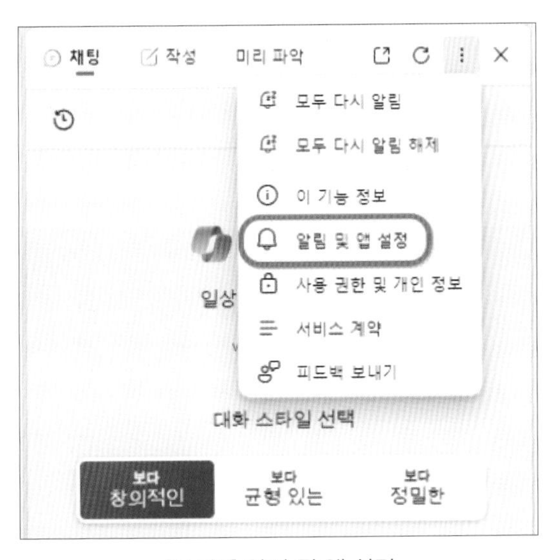

[그림5] 알림 및 앱 설정

그리고 Microsoft에서 페이지 콘텐츠에 액세스하도록 허용을 누른다.

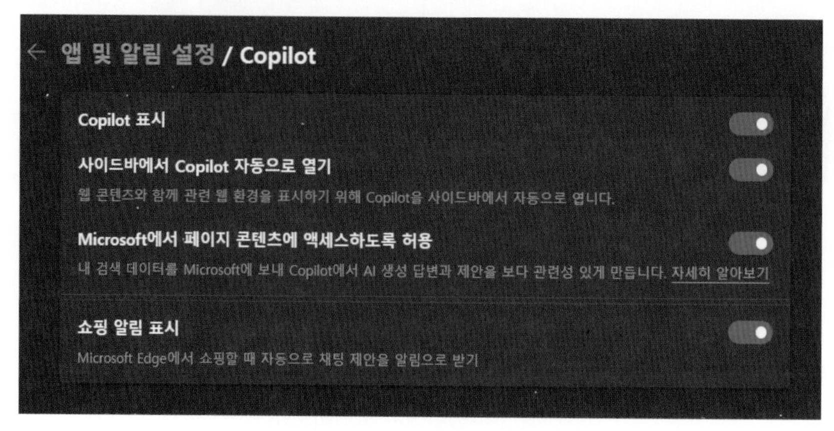

[그림6] Microsoft에서 페이지 콘텐츠에 액세스하도록 허용

2. MS 코파일럿으로 PDF 요약, 분석하기

확인하고 싶은 PDF를 MS에 띄우고 'PDF 요약해주세요'라고 명령하면 [그림7]과 같이 요약해 준다.

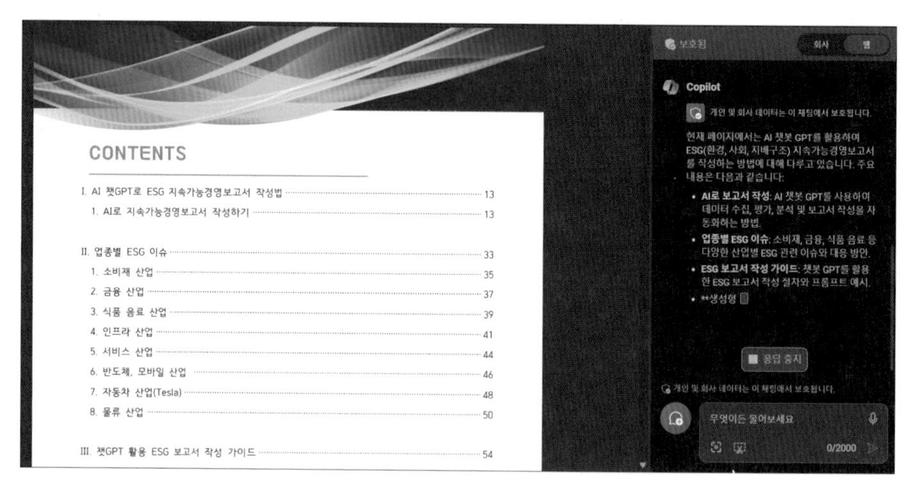

[그림7] Microsoft 코파일럿에서 PDF 요약 요청

이렇게 옆에 PDF를 열어 놓고, 오른쪽 텍스트 박스 옆에 '음성 버튼'을 누르고 말로 원하는 것을 입력하면 AI 비서처럼 일을 해준다.

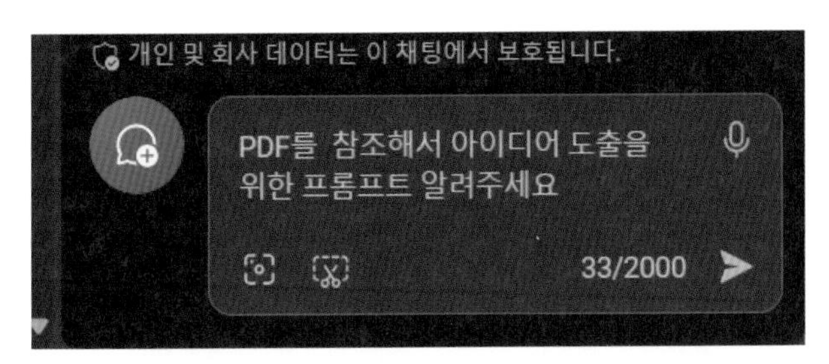

[그림8] Microsoft 코파일럿에서 음성으로 명령하기

3. MS 코파일럿으로 기사 요약 및 분석하기

1) 기사 요약하기

MS에서 검색해 뉴스를 띄운다. '옆에 기사 내용을 요약해 달라'고 하면 요약해 준다.

[그림9] Microsoft 코파일럿에서 뉴스 요약하기

2) 요약, 분석한 내용으로 바로 글 작성하기

자료를 분석하고 요약했다면 상단 메뉴에 채팅 옆에 있는 '작성 탭'은 글을 바로 작성할 수 있다. '주제', '톤', '형식'을 설정하고 '길이'를 정하고 '초안 생성'을 누르면 된다. 기사 내용을 요약해서 메일을 보내야 하거나 PDF를 분석해서 보고서를 쓸 때 유용하게 사용 할수 있다.

[그림10] 작성 탭에서 글 작성하기

Epilogue

이제는 AI가 우리의 생활과 업무에 깊숙이 통합돼, 그 경계조차 흐릿해진 시대에 살고 있다. 생성형 AI 코파일럿 등을 활용해서 창의성, 생산성, 효율성을 극대화하는 것은 이제 필수적인 경쟁력이 됐다. 앞으로도 변화는 계속될 것이며, 우리는 그 변화의 중심에서 새로운 기회를 창출해 낼 수 있다.

생성형 AI는 이제 다양한 업무 분야에서 그 기능을 발휘할 수 있다. 그러기 위해서 미리 사용자가 이들의 기능을 유용하게 활용이 원활하도록 자주 반복해서 사용해 볼 것을 권한다. 그렇게 활용을 하다 보면 인공지능의 무한한 놀라운 기능에 놀랄 것이다.

이뿐만 아니라 이와 같은 기능들로 인해 얼마나 많은 시간과 비용이 절감되며 사람의 손으로 만든 것 보다 훨씬 멋진 결과물들로 감탄하게 될 것이다. 이제 시대가 이렇게 흘러가고 있는 만큼 인공지능의 활용을 통해 보다 업무적으로 큰 도움을 받아보길 적극 추천한다.

[참고문헌]

마이크로소프트 홈페이지

스페이스바 옆 'AI 실행키' MS 코파일럿이란? 작성자: 매니저S

https://blog.naver.com/smartnari/223346997047

챗GPT 활용 소상공인 마케팅 역량 강화를 위한 매뉴얼 가이드

강 미 숙

제2장

챗GPT 활용 소상공인 마케팅 역량 강화를 위한 매뉴얼 가이드

Prologue

현대의 비즈니스 환경은 끊임없이 변화하고 있으며 이에 따라 우리의 마케팅 전략도 변화해야 한다. 특히 소상공인들에게 있어 제한된 자원과 경쟁의 압박 속에서도 비즈니스를 성장시키고 지속 가능하게 유지하기 위한 혁신적인 접근 방법이 필요하다. 이러한 배경에서, '챗GPT 활용 소상공인 마케팅 역량강화를 위한 매뉴얼 가이드'는 여러분의 사업에 혁신을 가져다줄 수 있는 가이드북이 되고자 한다.

이 매뉴얼은 인공 지능 기술 중 하나인 챗GPT를 활용해 소상공인들이 마케팅 역량을 강화하고 고객과의 소통을 극대화하며 최종적으로는 매출 증대에 기여할 수 있는 방법을 제시한다. 챗GPT는 단순히 대화형 인터페이스를 넘어서 마케팅 콘텐츠 생성, 고객 서비스 개선, 시장 조사, 개인화된 커뮤니케이션 전략 구현 등 다양한 방면에서 활용될 수 있다.

본 가이드북을 통해 우리는 기술의 복잡성을 단순화하고 실질적인 사례 연구와 함께 소상공인들이 쉽게 접근하고 실제로 활용할 수 있는 지침을 제공하고자 한다. 여러분의 비즈니스가 어떤 규모이든, 어떤 산업에 속해 있든 간에, 이 가이드북은 여러분이 시장에서의 경쟁력을 강화하고 고객과의 관계를 깊게 하며 비즈니스 목표를 달성하는 데 있어 도움을 줄 것이다.

이 책이 소상공인 여러분에게 새로운 기회의 문을 열어주고 디지털 시대에 비즈니스를 성장하는 데 필요한 도구와 지식을 제공해 줄 것이라 믿는다. 여러분의 성공적인 비즈니스 여정에 이 매뉴얼이 함께 할 수 있기를 바란다.

1. 챗GPT 기본 이해

1) 챗GPT 소개

Open AI가 개발한 '대화형 생성 인공지능(AI)' 서비스

챗GPT는 다양한 언어로 커뮤니케이션할 수 있으며 이야기하기, 요약, 번역, 프로그래밍 언어 작성 및 수정 등 다양한 작업을 수행할 수 있다. 그것의 능력은 단순한 텍스트 생성을 넘어서 사용자의 질문에 대해 상세하고 정확한 답변을 제공하고 복잡한 문제 해결에 도움을 주며 창의적인 작업에서 영감을 제공하기도 한다.

2) 챗GPT 특징 및 한계

(1) 대규모 언어 모델

챗GPT는 OpenAI가 개발한 대규모 언어 모델로 자연어 이해(NLU)와 생성(NLG)을 위해 설계됐다. 이 기술은 인간과 유사한 방식으로 질문에 답하고 대화를 이끌어 가며 다양한 주제에 대한 글을 쓸 수 있는 능력을 갖추고 있다. GPT(Generative Pre-trained Transformer) 시리즈의 일환으로 대량의 텍스트 데이터로 사전 학습된 후 특정 작업에 대해 미세 조정될 수 있다.

(2) 최신 인터넷 정보 검색 기능 더한 챗GPT 답변 가능

최신 답변 제공의 어려웠지만 구글 크롬 확장 프로그램을 사용하면 최신 인터넷 정보 검색 기능을 더한 챗GPT의 답변을 확인할 수 있다.

(3) 환각(hallucination) 현상

환각(hallucination) 현상으로 인한 부정확하거나 거짓된 답변 제공하기도 한다.

(4) 챗GPT 기능 및 장점

① 이전 대화의 맥락을 고려한 자연스러운 답변이 가능하다.

② 다양한 언어를 지원한다.

③ 빠른 처리 속도와 이용이 편리하다.

④ 다양한 분야의 업무 활용이 가능하다.

2. 소상공인 비즈니스에서의 챗GPT 활용 예시

(예시 답변은 모두 GPT 3.5 기반의 무료 버전 챗GPT를 통해 생성, 이미지는 4.0 버전)

챗GPT는 소상공인 여러분의 새로운 비서와 같은 역할을 할 수 있는 컴퓨터 프로그램이다. 이 프로그램은 대화를 통해 다양한 업무를 도와드릴 수 있다. 예를 들어 고객 문의에 답변하거나, 광고문을 작성하고, 심지어는 소셜 미디어 게시물까지 만들어 낼 수 있다.

만약 새로운 메뉴를 생각하고 있다면 챗GPT는 메뉴 아이디어를 제공하거나, 메뉴 설명을 쓰는 데 도움을 줄 수 있다. 또한 고객의 피드백을 분석해 어떤 점을 개선할 수 있을지 조언을 해줄 수도 있다.

사용법도 매우 간단하며 여러분이 해야 할 일은 질문이나 요청을 텍스트로 입력하는 것뿐이다. 챗GPT는 이를 이해하고 적절한 답변이나 제안을 텍스트로 제공한다. 이를 통해 여러분은 더 많은 시간을 사업에 집중하면서 고객 서비스의 질을 높이는 데 도움을 받을 수 있다. 이와 같이 챗GPT는 소상공인 여러분이 사업을 더 효율적으로 운영할 수 있도록 지원하며 여러분의 사업이 성장하는 데 기여할 수 있는 다재다능한 도구이다.

1) 메뉴 개발, 특정 고객층 대상 신메뉴 개발 시

(1) 가게 주요 고객층(타깃층)과 업종을 구체화해 질문하기

[그림1]과 같이 필자는 프롬프트를 '나는 마포구에서 20대~40대 사이의 직장인을 대상으로 샌드위치 가게를 운영하고 있어. 해당 고객층을 대상으로 한 메뉴를 개발할려고 해. 메뉴를 추천해줘'라고 적고 메뉴추천을 요청했다.

프롬프트입력 (Prompt)

나는 마포구에서 20대~40대 사이의 직장인을 대상으로
샌드위치 가게를 운영하고 있어.
해당 고객층을 대상으로 한 메뉴를 개발 할려고 해.
메뉴를 추천해줘

[그림1] 질문을 구체화해 프롬프트 입력

챗GPT는 [그림2]와 같이 6개의 메뉴를 답변으로 필자에게 내놓았다.

ChatGPT

마포구에서 20대부터 40대의 직장인을 대상으로 하는 샌드위치 가게를 운영한다면, 고객들의 다양한 취향과 요구를 고려하여 메뉴를 개발하는 것이 중요합니다. 아래는 해당 고객층을 대상으로 추천할 수 있는 다양한 샌드위치 메뉴입니다:

1. 아보카도 치킨 샌드위치: 신선한 아보카도와 구운 닭가슴살을 사용하여 건강하고 고단백 식사를 선호하는 고객들에게 인기가 있을 것입니다.
2. 불고기 샌드위치: 한국식 불고기를 사용하여 한국인 고객들에게 친숙하고 맛있는 옵션으로 제공할 수 있습니다.
3. 이탈리안 샌드위치: 살라미, 햄, 페퍼로니 등 다양한 이탈리안 딜리 메트를 사용하여 다양한 맛을 즐길 수 있는 옵션을 제공합니다.
4. 그릴드 베지터블 샌드위치: 다양한 야채를 그릴하여 건강한 식사를 선호하는 고객들에게 이상적인 선택일 수 있습니다.
5. 두부 샐러드 샌드위치: 신선한 두부와 채소를 사용하여 산뜻하고 가벼운 옵션을 제공합니다.
6. 씨푸드 샌드위치: 새우, 게, 오징어 등 신선한 해산물을 사용하여 바다 향을 즐길 수 있는 맛있는 샌드위치를 제공합니다.

이러한 다양한 메뉴 중에서 고객들의 취향과 지역적 특성을 고려하여 적합한 메뉴를 선택하여 제공하면 성공할 가능성이 높을 것입니다. 또한, 고객들의 피드백을 수시로 수렴하여 메뉴를 업데이트하고 새로운 아이디어를 도입하는 것도 중요합니다.

[그림2] [그림1]의 질문에 대한 챗GPT의 답변

(2) 메뉴 레시피 질문하기

이어서 필자는 '아보카도 치킨 샌드위치의 레시피를 알려줘'라고 요청했다.

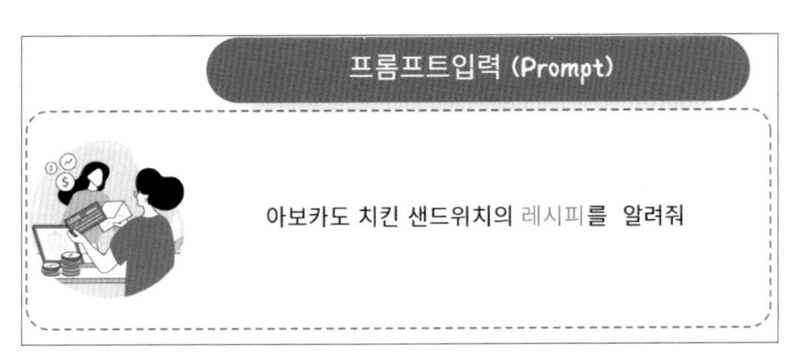

[그림3] 메뉴 레시피 질문하기

그러자 챗GPT는 [그림4]와 같이 재료, 준비 단계, 조립 단계, 서빙까지의 답변을 자세히 알려줬다.

ChatGPT

아보카도 치킨 샌드위치의 간단한 레시피를 소개해 드리겠습니다. 이 레시피는 한 개의 샌드위치를 만드는 데 필요한 재료를 기준으로 합니다.

재료:

- 신선한 아보카도 1개
- 구운 닭가슴살 100g
- 식빵 2조각
- 신선한 야채(상추, 토마토 등)
- 마요네즈 또는 올리브 오일
- 소금, 후추

준비 단계:

1. 아보카도를 반으로 잘라 씨를 제거하고 숟가락을 사용하여 씨앗을 떼어냅니다.
2. 아보카도의 살을 숟가락이나 포크를 사용하여 깔끔하게 으깨어 줍니다.
3. 약간의 소금과 후추를 넣고 아보카도를 잘 섞어 줍니다.
4. 구운 닭가슴살은 적당한 크기로 썬 후, 소금과 후추로 간을 해 줍니다.
5. 식빵을 토스터기에 넣어 노릇하게 구워 줍니다.

조립 단계:

1. 구워진 식빵 한 조각 위에 아보카도를 발라 줍니다.
2. 그 위에 구운 닭가슴살을 올려 줍니다.
3. 신선한 야채를 얹어 줍니다. (상추, 토마토 등)
4. 다른 식빵 조각으로 덮어주고, 필요시에 마요네즈나 올리브 오일을 조금 뿌려줍니다.

서빙:

- 샌드위치를 먹기 쉽게 잘라내어 샐러드나 감자튀김과 함께 곁들여 서빙합니다.
- 따뜻한 차나 커피와 함께 제공하면 좋습니다.

이렇게 간단한 과정으로 아보카도 치킨 샌드위치를 만들 수 있습니다. 맛과 건강을 더하고자 한다면 신선한 재료를 사용하여 만들어 보세요!

[그림4] 메뉴 레시피에 대한 답변

(3) 표로 정리해 보기

[그림4]에 대한 답변을 표로 정리 해 달라고 요청 할 수 있다.

[그림5] 표로 정리해 보기

[그림5]와 같이 표로 정리해 달라는 요청에 아래와 같은 표 형식의 결과물을 얻을 수 있다.

ChatGPT

아보카도 치킨 샌드위치를 만들기 위한 재료 목록은 다음과 같습니다:

재료	양
치킨 (가슴살)	1조각 (약 150g)
아보카도	1개
토마토	1개
양상추	적당량
레몬즙	1티스푼
마요네즈	2테이블스푼
통밀빵	2조각
소금	적당량
후추	적당량

[그림6] 표로 정리한 결과표

(4) 제품 판매 시 고려해야 할 사항에 대해 질문하기

판매 가격과 마진을 정하고 방법을 모를 때 챗GPT에게 어떻게 하면 되는지 방법을 물어볼 수 있다.

프롬프트입력 (Prompt)

아보카도 치킨 샌드위치를 8천원에 판매하고 마진을 30% 정도 남기고 싶어.
그렇게 한다면 내가 어떻게 해야 할까?

[그림7] 제품 판매 시 고려해야 할 사항에 대해 질문하기

[그림7]의 질문에 아래와 같은 결과물을 얻을 수 있다.

ChatGPT
가격을 계산하기 위해서는 원가와 마진을 고려해야 합니다.

1. **원가 계산**:
   아보카도 치킨 샌드위치의 원재료 비용을 계산해야 합니다. 이는 아보카도, 치킨, 빵, 그리고 다른 재료의 가격을 합산하여 구할 수 있습니다.
2. **마진 계산**:
   원가에 마진을 추가하여 판매가를 결정합니다. 마진은 주로 비용의 일정 비율로 계산됩니다. 여기서는 30%를 사용할 예정이므로 원가에 30%를 곱하여 마진을 구할 수 있습니다.
3. **판매가 계산**:
   마진을 추가한 후에는 원가와 마진을 더하여 최종 판매가를 계산할 수 있습니다.

따라서 다음과 같은 단계로 계산할 수 있습니다:

1. 아보카도 치킨 샌드위치의 원가를 계산합니다.
2. 마진을 원가에 추가하여 이익을 설정합니다.
3. 최종 판매가를 결정합니다.

예를 들어, 아보카도 치킨 샌드위치의 원가가 6천원이라고 가정하겠습니다.

1. 원가: 6천원
2. 마진: 6천원 * 0.3 = 1천 8백원
3. 최종 판매가: 원가 + 마진 = 6천원 + 1천 8백원 = 8천 8백원

따라서 8천원에 아보카도 치킨 샌드위치를 판매하기 위해서는 원가를 6천원으로 설정하고, 1천 8백원의 마진을 추가하여 판매할 수 있습니다.

[그림8] 제품 판매 시 고려해야 할 사항에 대한 답변

2) 메뉴 이름 추천

(1) 챗GPT를 활용한 메뉴 이름 생성 방법

메뉴의 이름을 추천 받았다면 추천 받은 메뉴의 이름도 얻을 수 있다.

[그림9] 챗GPT를 활용한 메뉴 이름 생성

[그림9]의 질문에 아래와 같은 결과물을 얻을 수 있다.

ChatGPT

당신이 개발 중인 신메뉴가 플레인 베이글에 블루베리잼과 땅콩을 사용한다면, 아래의 몇 가지 인기 있는 메뉴 이름을 추천해 드릴게요:

1. "푸른 하늘 베이글" (Blue Sky Bagel)
2. "땅콩 블루 베이글" (Peanut Blue Bagel)
3. "플레인 블루베리 베이글" (Plain Blueberry Bagel)
4. "땅콩 블루베리 퓨전 베이글" (Peanut Blueberry Fusion Bagel)
5. "스카이 하이 베이글" (Sky High Bagel)
6. "블루베리 팬더 베이글" (Blueberry Pander Bagel - 팬더는 블루베리와 편을 연상시킬 수 있는 긍정적인 이미지를 전달할 수 있습니다.)
7. "플레인 퓨전 베이글" (Plain Fusion Bagel)
8. "블루비트 베이글" (Bluebeat Bagel - 블루베리와 땅콩의 혼합을 의미하는 재미있는 용어로 해석 가능)

이런 이름 중에서 마음에 드는 것이 있나요? 또는 이를 참고하여 더 많은 아이디어를 얻을 수 있을 것입니다!

[그림10] 메뉴 이름 생성 결과

(2) 포스터 디자인

챗GPT와 DALL-E를 활용한 포스터 디자인 방법은 챗GPT4.0(유료) 버전에서는 DALL-E가 내재 돼 있어 텍스트로 이미지 생성이 가능하다. 챗GPT3.5(무료) 사용자는 DALL-E 사이트에서 직접 이미지를 생성해 사용하면 된다.

① 프롬프트 입력 후 이미지 생성

'카페에서 많은 사람들이 샌드위치나 베이글을 먹는 모습을 이미지로 생성해줘'라고 요청했다.

[그림11] 카페에서 많은 사람들이 샌드위치나 베이글을 먹는 모습(출처 : 챗GPT4.0)

'샌드위치나 베이글과 음료수가 있는 장면을 상큼한 분위기를 이미지로 생성해 줘'라고 요청했다.

[그림12] 샌드위치나 베이글과 음료수가 있는 장면(출처 : 챗GPT4.0)

② 생성된 이미지로 포스터 만들기

• 이벤트 포스터 제작 예시

[그림13] 이벤트 포스터(출처 : 챗GPT4.0)

(3) SNS 카피라이팅

- 챗GPT를 활용한 SNS 가게 홍보문구 작성 방법
  - 가게의 특성, 홍보 대상, 홍보 채널 등을 구체적으로 입력하면 더욱 적절한 답변을 얻을 수 있다.

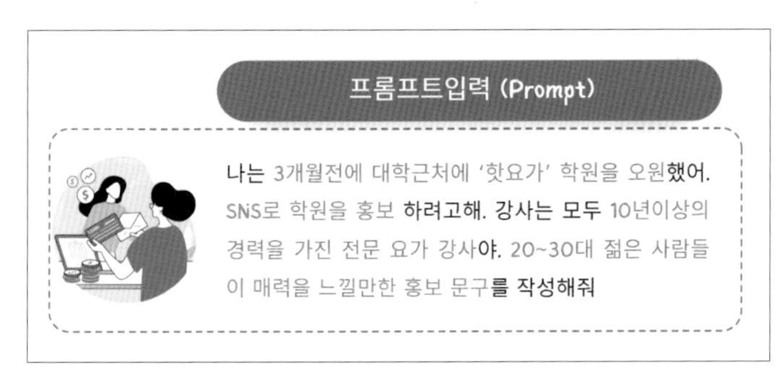

[그림14] 가게 홍보문구 작성

[그림14]의 질문에 아래와 같은 결과물을 얻을 수 있다.

ChatGPT

당신의 요가 학원을 SNS에서 홍보할 때 다음과 같은 문구를 사용할 수 있을 것 같습니다:

" 환영합니다! 핫요가 - 당신의 몸과 마음을 활기차게 만들어줄 곳!
10년 이상의 전문 강사진으로 여러분을 초대합니다.
스트레스와 피로로 지친 여러분을 위한 힐링 타임을 만나보세요.
#핫요가 #힐링 #스트레스해소 #신체활성화 #마음의휴식"

[그림15] 가게 홍보문구 작성 답변

(4) 블로그 작성

① 챗GPT를 활용해 블로그 초보를 위한 조언 얻기

프롬프트입력 (Prompt)

우리 가게의 의류를 홍보하는 블로그를 개설 하려고해
어떻게 시작해야 할지 알려줘

[그림16] 블로그 조언 구하기

[그림16]의 질문에 아래와 같은 결과물을 얻을 수 있다.

ChatGPT

의류를 홍보하는 블로그를 시작하는 것은 흥미로운 프로젝트일 수 있습니다! 아래는 블로그를 시작하는 몇 단계입니다:

1. **목표 설정**: 먼저 블로그를 시작하는 목적을 명확히 해야 합니다. 의류 브랜드의 홍보를 중점적으로 다룰 것이며, 어떤 종류의 의류를 판매하는지 목록화하고 브랜드의 아이덴티티와 목표 그룹을 고려하세요.
2. **플랫폼 선택**: 블로그를 시작하기 위해 플랫폼을 선택해야 합니다. 일반적으로 WordPress, Blogger, Squarespace 등의 블로그 플랫폼이 인기가 있습니다. 플랫폼 선택은 당신의 기술 수준과 웹 개발 경험에 따라 달라질 수 있습니다.
3. **브랜드 스토리 및 콘텐츠 계획**: 블로그에는 브랜드 스토리를 중심으로 한 콘텐츠가 필요합니다. 의류의 특징, 소재, 스타일 등을 강조하는 게시물을 작성할 수 있습니다. 또한 패션 팁, 트렌드, 스타일링 가이드, 룩북 등을 포함하여 독자들이 흥미를 끌 수 있는 다양한 주제를 고려하세요.
4. **디자인과 레이아웃**: 블로그의 디자인과 레이아웃은 사용자 경험에 큰 영향을 미칩니다. 의류를 중심으로 한 이미지와 그래픽을 사용하여 시각적으로 매력적인 레이아웃을 디자인하세요.
5. **마케팅 및 홍보**: 블로그를 시작한 후에는 사람들이 방문하고 구독할 수 있도록 마케팅 및 홍보를 해야 합니다. 소셜 미디어를 활용하여 블로그를 홍보하고, SEO (검색 엔진 최적화)를 고려하여 블로그 포스트를 최적화하세요. 또한 온라인 커뮤니티나 포럼에서 블로그를 공유하고 홍보하세요.
6. **지속적인 업데이트**: 블로그를 성공적으로 유지하기 위해서는 지속적으로 콘텐츠를 업데이트해야 합니다. 주기적으로 새로운 게시물을 작성하고 업데이트하여 독자들의 관심을 유지하세요.

위의 단계를 따르면 의류 브랜드를 홍보하는 블로그를 시작하는 데 도움이 될 것입니다. 시작할 때는 조금씩 실험하고 조정하면서 블로그를 발전시켜 나가는 것이 중요합니다.

[그림17] 블로그에 관한 답변

② 블로그 항목 구성

블로그에 대한 정보를 자세히 넣는다.

프롬프트입력 (Prompt)

주로 30~40대를 대상으로 여성의류 빅사이즈를 판매하고 있어. 블로그항목을 어떻게 구성하면 좋을까?

[그림18] 블로그 항목 질문

[그림18]의 질문에 아래와 같은 결과물을 얻을 수 있다.

ChatGPT

주로 30~40대 여성을 대상으로 하는 빅사이즈 여성의류를 판매하는 블로그를 시작한다면, 이들의 Bed needs와 관심사에 초점을 맞춘 콘텐츠를 제공하는 것이 중요합니다. 아래는 구체적인 블로그 항목 아이디어 목록입니다:

1. **패션 팁과 스타일링 가이드**:
   - 다양한 체형과 사이즈에 맞는 스타일링 팁 제공
   - 빅사이즈 의류를 활용한 다양한 스타일링 아이디어 및 조언 제공
2. **룩북**:
   - 시즌별 빅사이즈 패션 룩북 제공
   - 특정 이벤트나 휴일을 위한 스타일링 아이디어 제시
3. **의류 리뷰**:
   - 빅사이즈 여성을 위한 다양한 브랜드와 제품에 대한 리뷰 제공
   - 제품의 품질, 편안함, 핏 등에 대한 정보 제공
4. **패션 트렌드와 업데이트**:
   - 최신 트렌드와 스타일 업데이트 제공
   - 빅사이즈 여성을 위한 패션 트렌드와 변화에 대한 정보 제공
5. **사이즈 및 핏 가이드**:
   - 다양한 체형에 따른 옷의 사이즈 선택 가이드 제공
   - 옷의 핏과 실루엣에 대한 설명과 조언 제공
6. **건강과 웰빙**:
   - 건강한 라이프스타일과 웰빙에 관한 정보 제공
   - 피트니스와 운동 팁, 옷 선택이 건강에 미치는 영향 등에 대한 내용 제공
7. **패션 이벤트 및 쇼핑 가이드**:
   - 지역 빅사이즈 패션 이벤트 및 세일 정보 제공
   - 온라인 및 오프라인 쇼핑 가이드 제공
8. **인터뷰와 커뮤니티**:
   - 빅사이즈 여성 모델, 디자이너, 패션 업계 전문가 등과의 인터뷰 제공
   - 독자들 간의 소통을 위한 커뮤니티 구축
9. **고객 후기 및 사례 공유**:
   - 고객 후기 및 만족도 조사 결과 공유
   - 실제 고객들의 빅사이즈 의류 착용 사례 및 경험 공유

이러한 블로그 항목들을 통해 빅사이즈 여성들이 자신에게 맞는 스타일을 찾고, 자신감 있게 옷을 선택할 수 있도록 도와줄 수 있을 것입니다.

[그림19] 블로그 항목 답변

③ 블로그 글 작성하기

블로그 글 역시 글의 주제와 내용을 자세하게 적는다.

프롬프트입력 (Prompt)

이번 신상품으로 내 블로그에 제품에 대한 소개 글을 작성하려고 해. 빅사이즈로 XL 사이즈만 있고, 손목에는 레이스가 달린 플레어 원피스야. 선착순 10명에게는 무료 쿠폰도 제공 할 거야. 제품 소개 글을 작성해줘.

[그림20] 블로그 글 작성

[그림20]의 질문에 아래와 같은 결과물을 얻을 수 있다.

ChatGPT

제품 소개 글을 작성해 보겠습니다:

신상품 소개: 레이스 디테일 플레어 원피스

여러분을 위해 특별히 준비한 새로운 신상품을 소개합니다! 여성분들의 아름다운 곡선을 돋보이게 하는 레이스 디테일 플레어 원피스가 출시되었습니다.

제품 특징:

- **빅사이즈 (XL)**: 고객님들의 다양한 체형에 맞게 XL 사이즈로 제작되었습니다. 신체를 편안하게 감싸주면서도 우아한 실루엣을 만들어냅니다.
- **레이스 디테일**: 손목에 아름다운 레이스 디테일이 달린 디자인으로, 섬세한 여성미를 강조합니다.
- **플레어 실루엣**: 넉넉한 스커트 부분이 플레어 형태로 펼쳐져 자연스럽게 몸매를 감싸줍니다.

이벤트 안내:

- **무료 쿠폰 제공**: 선착순 10명에게는 무료 쿠폰을 제공합니다. 이 기회를 놓치지 마세요!

이번 신상품은 당신의 일상을 더욱 특별하게 만들어줄 것입니다. 여성스러운 레이스와 우아한 플레어 실루엣이 당신의 매력을 한층 더 빛내줄 것입니다. 지금 바로 온라인 스토어에서 확인하세요!

[그림21] 블로그 글 작성에 관한 답변

3. 챗GPT 적용을 위한 팁

챗GPT에 효과적으로 질문하기, 질문의 상세화 및 구체화 단계

① 1단계: 상세한 조건을 담은 질문 – 대상 사업, 타겟팅 대상, 계획 등 상세 조건을 기재하면 원하는 답변을 더 상세하게 얻을 수 있다.

② 2단계: 1차 답변을 구체화해 추가 내용 질문 – 1차 답변 항목 간 차별성과 특장점 등의 특징 문의하는 것이 좋다.

③ 3단계: 답변 검증을 위한 출처와 추가 자료를 요청 – 언론 기사, 연구 자료 등 출처 기재 및 추가 자료 요청을 한다.

Epilogue

이 가이드를 통해 챗GPT와 같은 인공 지능 기술을 활용해 비즈니스의 마케팅 역량을 강화하는 방법에 대한 통찰력을 얻기를 바란다. 또한 이 기술이 어떻게 여러분의 사업에 실질적인 가치를 추가하고 고객과의 관계를 깊게 하며 시장 내 경쟁력을 강화할 수 있는지에 대한 구체적인 아이디어를 제공받았기를 기대한다.

챗GPT를 비롯한 인공 지능 기술은 빠르게 발전하고 있으며, 이러한 변화에 발맞추어 나가는 것이 중요하다. 기술이 비즈니스 운영 방식을 어떻게 변화시킬 수 있는지에 대한 지속적인 탐구와 적용을 통해, 여러분은 항상 경쟁의 최전선에서 나아갈 수 있을 것이다.

이 가이드가 제공한 지식과 도구들을 활용해, 여러분이 자신의 비즈니스 목표를 달성하고 고객과의 강력한 연결을 구축하며 마케팅 전략을 혁신적으로 발전시킬 수 있기를 진심으로 바란다.

이 가이드북이 여러분에게 영감을 주고 도전을 넘어 성장으로 이끄는 첫걸음이 되길 바란다.

AI 활용 업무 효율화가 산업에 미치는 영향

김 도 윤

제3장
AI 활용 업무 효율화가 산업에 미치는 영향

Prologue

인공지능은 인류 역사의 오랜 꿈이자 끊임없는 도전이었다. 고대 그리스 신화의 피그말리온부터 르네상스 시대의 기계 인간에 대한 상상까지 인간은 늘 자신보다 더 지능적인 존재를 만들고자 노력했다.

20세기 중반, 컴퓨터의 등장은 인공지능 연구에 새로운 가능성을 열었다. 앨런 튜링은 튜링 테스트를 제시하며 인간과 구별 불가능한 기계 지능의 가능성을 제시했고, 맥카시, 민스키 등의 학자들은 인공지능 연구를 본격적으로 시작했다.

초기 인공지능 연구는 논리적 추론과 기호 처리에 집중했다. 게임 프로그램이나 증명 시스템 등 특정 분야에서 인공지능은 성공을 거뒀지만, 인간 수준의 지능을 구현하는 데는 한계가 있었다.

1970년대에는 퍼지 논리, 신경망 등 새로운 기술들이 도입되면서 인공지능 연구는 새로운 국면을 맞이했다. 특히 신경망 기술은 인간의 뇌 구조를 모방해 학습과 추론을 수행하는 인공지능 시스템 개발에 기여했다.

하지만 컴퓨터 성능과 알고리즘의 한계로 인해 인공지능 연구는 1980년대와 1990년대에 침체기를 겪기도 했다. 그러나 빅데이터와 클라우드 컴퓨팅 기술의 등장은 인공지능 연구에 새로운 활력을 불어넣었다.

2010년대 이후 딥러닝 기술의 발전은 인공지능 연구에 혁신을 가져왔다. 딥러닝은 대규모 데이터를 학습해 인간의 개입 없이 스스로 지능을 발휘하는 인공지능 시스템을 개발하는 것을 가능하게 했다.

딥러닝 기술은 이미지 인식, 자연어 처리, 기계 번역 등 다양한 분야에서 놀라운 성과를 거뒀다. 특히 알파고의 승리는 인공지능이 인간의 전문 영역을 뛰어넘을 수 있다는 가능성을 보여줬다.

오늘날 인공지능은 의료, 금융, 제조, 교육 등 다양한 분야에서 활용하고 있으며 우리 삶에 큰 영향을 미치고 있다. 인공지능은 앞으로 더욱 발전해 인간의 삶을 더욱 풍요롭고 편리하게 만들 것으로 기대된다.

〈인공지능 연구의 시대별 주요 사건〉

1950년 : 앨런 튜링, 튜링 테스트 제시
1956년 : 다트머스 대학에서 인공지능 연구 회의 개최
1965년 : ELIZA, 최초의 자연어 처리 프로그램 개발
1972년 : 퍼지 논리 개발
1982년 : 딥러닝 개념 제시
1997년 : 딥 블루, 체스 세계 챔피언 가 Kasparov 승리
2011년 : IBM Watson, Jeopardy! 퀴즈 프로그램 우승
2016년 : 알파고, 세계 최고의 바둑 기사 이세돌 승리
2020년 : GPT-3, 인간 수준의 텍스트 생성 가능

[그림1] 미래의 인공지능 시대 이미지(출처 : 챗GPT4)

인공지능은 앞으로 더욱 발전해 인간의 삶에 더욱 큰 영향을 미칠 것으로 예상된다. 인공지능은 다음과 같은 분야에서 중요한 역할을 할 것으로 기대된다.

의료 : 질병 진단, 치료, 신약 개발
금융 : 금융 시장 분석, 투자, 사기 방지
제조 : 자동화, 생산 효율 증대, 신제품 개발
교육 : 개인 맞춤형 학습, 교육 격차 해소

각 분야별, 직군별로 AI가 어떻게 쓰여질지 알아보자.

1. AI 시대의 시작

인공지능 시대의 시작은 단일 사건으로 특정하기 어렵다. 오랜 역사 속에서 인공지능 기술은 점진적으로 발전해 왔으며, 다양한 기술적·사회적 변화가 복합적으로 작용하며 현재의 인공지능 시대를 만들어 냈다.

18세기 후반 영국에서 시작된 산업혁명은 증기기관의 발명과 대량 생산 체제의 도입으로 이어져 사회·경제·문화 전반에 걸쳐 엄청난 변화를 가져왔다. 농업 생산력 향상으로 인해 인구 증가와 도시화가 일어났고 증기기관, 방적기, 제직기 등 새로운 기술들이 발명됐다. 자본주의 경제 체제가 발달하며 대량 생산 체제가 도입됐으며 노동 계층이 등장하며 사회 계층 구조가 변화했다.

인공지능 시대는 산업혁명 이후 가장 큰 기술적 변화로 평가된다. 인공지능은 인간의 노동력을 대체하고 새로운 산업과 일자리를 창출할 것으로 예상된다. 또한 인공지능은 사회, 경제, 문화 전반에 걸쳐 혁신을 가져올 것으로 기대된다.

인공지능 시대는 산업혁명 이후 가장 큰 변화를 가져올 혁신적인 시대이다. 인공지능은 인간의 삶을 더욱 편리하고 풍요롭게 만들 수 있는 잠재력을 갖고 있지만, 동시에 윤리적·사회적 문제도 야기할 수 있다. 따라서 인공지능 기술을 올바르게 활용하기 위한 노력이 필요하다.

2. AI의 역할

앞으로 인공지능(AI)의 역할은 사회, 경제, 과학 등 다양한 분야에서 점점 더 중요해질 것으로 예상된다. AI 기술의 발전은 이미 많은 분야에 혁신을 가져왔으며 미래에는 더욱 광범위한 변화를 촉진할 잠재력을 갖고 있다. 다음은 앞으로 AI가 수행할 수 있는 역할에 대한 몇 가지 주요 예측이다.

1) 일상생활의 향상

AI는 개인 맞춤형 의료, 스마트 홈 기술, 개인화된 교육 프로그램 등을 통해 일상생활의 질을 향상시킬 것이다. 이를 통해 사람들은 더 건강하고, 편리하며, 효율적인 생활을 할 수 있게 될 것이다.

2) 업무와 산업의 변혁

AI는 제조, 농업, 교통 등 전통적인 산업부터 금융, 법률, 광고에 이르기까지 다양한 분야에서 업무 프로세스를 자동화하고 최적화하는 데 사용될 것이다. 이는 생산성 향상과 비용 절감을 가져오며 새로운 직업과 업종의 창출을 촉진할 것이다.

3) 의료 분야에서의 혁신

AI는 질병의 조기 진단, 치료 계획의 최적화, 개인화된 의료 해결책 제공 등을 통해 의료 분야에 혁신을 가져올 것이다. 이는 환자의 치료 결과를 개선하고 의료 시스템의 효율성을 높이는 데 기여할 것이다.

4) 과학 연구의 가속화

AI는 데이터 분석, 복잡한 시뮬레이션, 연구 설계 최적화 등을 통해 과학 연구를 가속화할 것이다. 이는 새로운 과학적 발견을 촉진하고 기술 혁신을 가속화하는 데 도움이 될 것이다.

5) 사회적 문제 해결

AI는 기후 변화, 자원 관리, 교통 체계 최적화 등 글로벌 및 지역 사회 문제 해결에 기여할 수 있다. 예를 들어 AI를 활용한 에너지 소비 최적화는 지속 가능한 발전을 촉진할 수 있다.

6) 윤리적·법적 문제에 대한 고려

AI의 발전과 적용은 개인 정보 보호, 알고리즘 투명성, 기계의 의사 결정에 대한 책임 소재 등 윤리적 및 법적 문제를 제기한다. 이에 따라 AI의 발전은 강력한 윤리적 기준과 규제 체계를 필요로 할 것이다.

7) 교육과 평생 학습의 변화

AI는 교육 방식을 혁신하고 개인별 학습 경로를 제공함으로써 평생 학습의 중요성을 강조할 것이다. 이는 모든 연령대의 사람들이 변화하는 노동 시장에 적응할 수 있도록 지원할 것이다.

[그림2] 미래 인공지능의 역할 이미지(출처 : 챗GPT4)

3. AI와 경제 패러다임

인공지능(AI)의 발전은 경제 패러다임에 근본적인 변화를 가져오고 있다. AI 기술의 통합은 생산성 향상, 비용 절감, 새로운 시장과 직업 창출, 경제 구조의 변화 등 다양한 방식으로 경제에 영향을 미치고 있다. 이러한 변화는 기업, 노동 시장, 그리고 개인의 삶의 방식에까지 영향을 주며, 이는 다음과 같은 구체적인 현상으로 나타난다.

1) 생산성 향상

AI는 높은 계산 능력과 데이터 분석 기능을 통해 업무 프로세스를 최적화하고, 결정을 더 빠르고 정확하게 만들어 생산성을 크게 향상한다. 예를 들어 AI는 제조업에서 결함을 조기에 감지해 품질 관리를 개선하고 사무 업무에서는 반복적인 작업을 자동화해 효율성을 높인다.

2) 비용 절감

자동화와 AI 기술의 도입은 인건비와 운영 비용을 줄이는 데 기여하고 AI 시스템은 24시간 중단 없이 작동할 수 있으며 인간보다 빠르게 대량의 데이터를 처리할 수 있다. 이는 특히 고비용이 드는 분석 작업과 고객 서비스 영역에서 비용 절감 효과를 가져온다.

3) 새로운 시장과 직업 창출

AI는 기존에 없던 새로운 시장을 만들어 내고 새로운 유형의 직업을 창출하고 예를 들면 AI 개발자, 데이터 과학자, AI 윤리 전문가 등이 있다. 동시에 AI는 기업들이 새로운 비즈니스 모델을 탐색하고 맞춤형 제품과 서비스를 개발할 수 있도록 한다.

4) 경제 구조의 변화

AI는 서비스 산업부터 제조업에 이르기까지 모든 경제 부문에 영향을 미치며, 디지털 경제로의 전환을 가속화한다. 이는 경제의 구조적 변화를 수반하며, 디지털 기술에 기반한 새로운 산업이 주요 경제 성장 동력이 된다.

5) 소비자 행동의 변화

AI 기술은 소비자에게 맞춤화된 경험을 제공하며 구매 패턴과 행동을 변화시킨다. 추천 시스템, 개인화된 광고, 가상 비서 등은 소비자의 선택과 소비 습관에 큰 영향을 미친다.

6) 노동 시장의 변화

AI와 자동화는 일부 직업을 대체하면서도 새로운 기술을 필요로 하는 직업을 창출한다. 이는 노동 시장에서 기술적 역량의 중요성을 더욱 강조하며 교육과 평생 학습의 중요성을 증가시킨다.

[그림3] 미래의 인공지능을 통한 경제 패러다임 이미지(출처 : 챗GPT4)

4. 글로벌 AI 현황

글로벌 AI 현황을 살펴보면 AI 기술의 발전과 적용은 전 세계적으로 빠르게 확산되고 있다. 이는 다양한 산업 분야에서의 혁신을 촉진하고 경제적 가치를 창출하며 사회적 변화를 일으키는 주요 동력이 되고 있다. 여기에는 몇 가지 중요한 측면이 있다.

1) 기술 발전

AI 기술, 특히 머신러닝, 딥러닝, 자연어 처리(NLP), 컴퓨터 비전 등의 분야에서의 혁신이 눈부시게 진행되고 있다. 이러한 기술적 발전은 AI가 인간의 언어를 이해하고 이미지를 인식하며 복잡한 패턴을 학습하고 예측하는 능력을 향상시키고 있다.

2) 글로벌 경쟁

미국과 중국을 중심으로 한 글로벌 AI 경쟁이 치열하다. 두 국가 모두 AI 기술 개발과 적용에 엄청난 투자를 하고 있으며, 유럽연합(EU), 영국, 캐나다, 한국, 일본 등도 AI 분야에서의 경쟁력 강화를 위해 많은 노력을 기울이고 있다.

3) 투자와 자금 조달

AI 스타트업과 프로젝트에 대한 투자가 전 세계적으로 증가하고 있다. 벤처 캐피탈, 기업 투자, 정부 지원 등 다양한 자금 조달 방식을 통해 AI 기술의 연구 개발과 상용화가 가속화되고 있다.

4) 윤리적·사회적 고려 사항

AI 기술의 발전과 함께 윤리적·사회적 문제에 관한 관심도 높아지고 있다. 이는 프라이버시 보호, 데이터 보안, 알고리즘 편향, 일자리 변화 등과 관련이 있으며, 이러한 문제를 해결하기 위한 국제적 노력이 진행 중이다.

5) 교육과 인력 개발

AI 기술의 발전에 따른 인력 수요 증가에 대응하기 위해 전 세계적으로 AI 교육과 기술 인력 양성에 대한 투자가 이뤄지고 있다. 대학, 온라인 코스, 전문 교육 기관 등을 통한 AI 및 관련 분야의 교육 프로그램이 확대되고 있다.

이처럼 글로벌 AI 현황은 기술적 진보, 산업 분야에서의 폭넓은 적용, 각국의 경쟁적인 노력, 그리고 이에 따른 사회적·윤리적 고려 사항이 복합적으로 얽혀 있다. AI의 미래는 이러한 동향들이 어떻게 발전하고 상호 작용하는지에 크게 의존할 것이다.

[그림4] 미래의 인공지능 글로벌 이미지(출처 : 챗GPT4)

5. AI의 활용, 직업별 사례

AI의 다양성은 AI의 사용 사례가 다양한 직업에 걸쳐 있어 생산성, 의사 결정 및 창의성을 향상한다는 것을 의미한다. AI가 다양한 전문 영역에 통합되는 방법은 다음과 같다.

1) 보건 의료 분야

AI 알고리즘은 인간보다 더 정확하고 빠른 속도로 영상 스캔을 통해 질병을 진단하는 데 도움이 된다. AI는 환자 데이터를 분석해 개인의 유전적 프로필에 맞게 치료를 맞춤화해 치료 결과를 개선하기도 한다. AI 기반 로봇은 외과 의사가 정확한 수술 절차를 수행하도록 지원해 회복 시간을 단축하고 환자 결과를 개선한다.

의료 산업에 인공지능(AI)의 통합은 혁신적인 변화를 가져왔고 수많은 이점을 제공하는 동시에 특정 과제와 부정적인 측면도 제시한다. 포괄적인 개요는 다음과 같다.

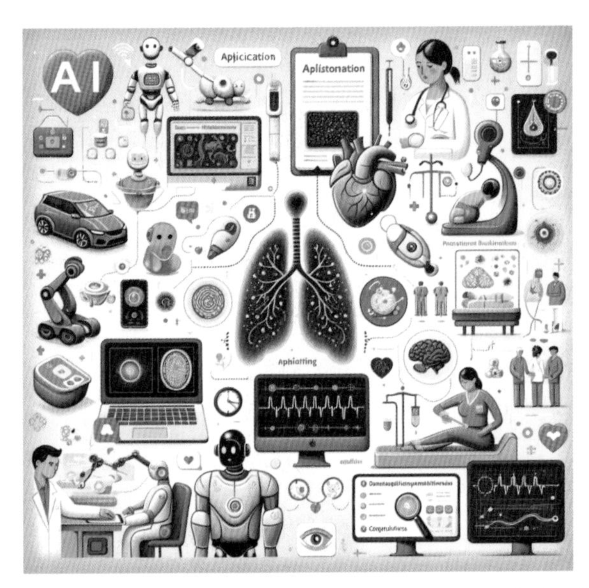

[그림5] 미래의 인공지능을 활용한 보건 의료 분야 이미지(출처 : 챗GPT4)

(1) 향상된 진단 정확도

AI 알고리즘, 특히 딥러닝을 기반으로 하는 알고리즘은 엑스레이, MRI, CT 스캔과 같은 의료 이미지에서 질병을 진단하는 데 있어 놀라운 정확도를 보여주었으며 때로는 인간 의사를 능가하기도 한다.

(2) 향상된 환자 치료

AI 기반 도구는 환자의 생체 상태와 상태를 실시간으로 모니터링 해 의료 전문가에게 최신 정보를 제공해 정보에 입각한 치료 결정을 내릴 수 있도록 하며 잠재적으로 중요한 치료 및 응급 상황에서 생명을 구할 수도 있다.

(3) 효율성 및 비용 절감

AI는 데이터 입력, 환자 예약, 의료 기록 관리 등 일상적인 작업을 자동화함으로써 관리 부담과 비용을 크게 줄여 의료 서비스 제공자가 환자 치료에 더 많은 리소스를 할당할 수 있도록 해준다.

(4) 맞춤형 의학, 예측분석

AI 모델은 유전 정보를 포함한 방대한 양의 환자 데이터를 분석해 개인의 특정 건강 프로필에 맞게 치료를 맞춤화하고 치료 효과를 개선하고 부작용을 줄일 수 있다. AI는 의료 데이터를 분석해 질병 발생, 환자 입원 및 기타 중요한 추세를 예측하는 데 도움을 주고 더 나은 자원 할당 및 예방 조치를 가능하게 한다.

(5) 약물 발견 및 개발

AI는 화합물의 효과를 시뮬레이션하고 성공적인 치료법을 예측하며 신약 출시에 소요되는 시간과 비용을 줄여 약물 발견 과정을 가속화 한다.

(6) 데이터 개인 정보 보호 및 보안 문제

의료 분야에서 AI를 사용하려면 방대한 양의 개인 건강 정보에 액세스해야 하므로 데이터 개인 정보보호, 보안 위반 및 민감한 데이터의 오용 가능성에 대한 심각한 우려가 제기된다.

(7) 높은 구현 비용

AI 기술에 대한 초기 투자는 소프트웨어 개발, 시스템 통합 및 인력 교육 비용을 포함해 상당할 수 있다. 이는 소규모 의료 서비스 제공자에게는 심각한 장벽이 될 수 있다.

(8) 진료의 개인화

AI에 대한 과도한 의존은 환자와 진료 제공자 간의 직접적인 상호 작용을 감소시켜 잠재적으로 환자와 진료 제공자 관계를 약화시키고 전반적인 환자 경험에 영향을 미칠 수 있다.

(9) 규제 및 윤리적 과제

의료 분야의 AI는 임상 의사 결정에서 AI 도구의 책임, 동의 및 윤리적 사용과 관련된 문제를 포함해 고유한 규제 문제를 제기한다. AI는 효율성을 향상시킬 수 있지만 특히 관리 역할과 업무를 자동화할 수 있는 의료 전문가 사이에서 일자리 대체에 대한 우려가 있다.

(10) 신뢰성 및 책임

AI와 관련된 오진이나 치료 실패의 경우 책임을 결정하는 것은 복잡하다. 또한 AI 시스템은 때때로 예측할 수 없는 방식으로 작동해 신뢰성과 책임에 대한 의문을 제기할 수 있다.

의료 분야에서 AI의 장점은 의료 진단, 치료 및 환자 치료에 혁명을 일으킬 수 있는 잠재력을 제시해 결과와 효율성이 크게 향상될 것을 약속한다. 그러나 부정적인 측면은 신중한 구현, 편견과 공정성에 대한 AI 시스템의 지속적인 평가, 강력한 데이터 보호 조치, 윤리적 사용을 보장하기 위한 명확한 규제 프레임워크의 필요성을 강조한다. 의료 분야에서 AI의 이점을 활용하는 동시에 위험을 완화하려면 이러한 요소의 균형을 맞추는 것이 중요하다.

2) 법조계

AI의 발전은 법조계에도 상당한 변화를 가져오고 있으며 앞으로도 이러한 변화는 더욱 가속화될 것이다. 다음은 AI가 법조계에 가져올 변화의 몇 가지 측면이다.

[그림6] 미래의 인공지능을 활용한 법조계 이미지(출처 : 챗GPT4)

(1) 문서분석과 검토

AI 기반 도구는 대량의 법적 문서를 신속하게 검토하고 분석할 수 있다. 이는 변호사와 법률 조사원이 수행해야 하는 시간 소모적인 작업을 줄여준다. AI는 특정 용어, 패턴 또는 개념을 식별해 관련성이 높은 문서를 분류하고 요약할 수 있다.

AI는 계약서의 조항을 분석해 위험 요소를 식별하고, 표준 조항과의 일치 여부를 검토할 수 있다. 이는 계약서 작성과 검토 과정을 효율화한다.

(2) 예측분석

AI 알고리즘은 과거의 법적 결정과 판례를 분석해 유사 사례의 결과를 예측할 수 있다. 이는 변호사가 전략을 수립하고 클라이언트에게 보다 정확한 조언을 제공하는 데 도움이 된다. AI는 소송의 성공 가능성을 평가하거나 특정 법적 조치의 위험을 분석하는 데 사용될 수 있다.

(3) 자동화된 법률 서비스

간단한 법률 문의에 대응하기 위해 AI 챗봇이나 가상 조언 서비스가 등장하고 있다. 이는 일반 대중이 법적 정보에 쉽게 접근할 수 있도록 하며 법률 서비스의 비용을 줄일 수 있다. AI 기반 시스템은 소규모 분쟁을 해결하기 위한 온라인 플랫폼에서 중재자 역할을 할 수 있다. 이는 법적 절차를 간소화하고 비용을 절감한다.

(4) 윤리적 및 법적 고려 사항

AI 시스템의 결정과 행동에 대한 법적 책임을 둘러싼 논의가 활발하다. AI가 법적 문제를 처리하는 과정에서 발생할 수 있는 오류나 편향에 대한 책임 소재를 명확히 하는 것은 중요한 과제이다. AI 시스템이 접근할 수 있는 대량의 데이터는 프라이버시와 데이터 보호에 관한 법적 고려 사항을 제기한다. 이는 법률 전문가들에게 새로운 도전과 기회를 제공한다.

AI의 도입은 법조계에서 효율성과 접근성을 크게 향상시킬 잠재력을 갖고 있지만, 동시에 윤리적·법적 책임과 관련된 복잡한 문제들도 제기한다. 변호사와 법률 전문가들은 AI

기술의 발전을 활용하는 동시에, 이로 인해 발생할 수 있는 법적·윤리적 문제들을 해결하기 위한 새로운 전략과 규정을 개발해야 할 것이다.

3) 금융업계

금융 산업에서 인공지능(AI)을 사용하면 운영, 서비스 및 고객 경험이 극적으로 변화됐다. 그 영향은 엄청나며 수많은 이점을 제공하는 동시에 도전 과제와 부정적인 측면도 제시한다.

[그림7] 미래의 인공지능을 활용한 금융업계 이미지(출처 : 챗GPT4)

(1) 향상된 고객 경험

AI 기반 챗봇과 가상 비서가 고객에게 연중무휴 24시간 지원을 제공해 문의 사항에 대한 빠른 응답과 맞춤형 금융 조언을 제공해 전반적인 고객 서비스를 개선한다.

(2) 사기 탐지 및 예방

AI 시스템은 거래 패턴을 실시간으로 분석하고 사기를 나타낼 수 있는 이상 징후를 인식해 보안을 강화함으로써 사기 행위를 식별하고 예방하는 데 매우 효과적이다. 또한 AI 알고리즘은 시장 동향을 예측하고 대출, 투자 및 기타 금융 서비스와 관련된 위험을 기존 방법보다 더 정확하게 평가할 수 있다. 이 기능을 통해 금융 기관은 더 많은 정보를 바탕으로 결정을 내려 손실을 줄이고 수익을 최적화할 수 있다.

(3) 운영 효율성

AI를 통해 데이터 입력, 규정 준수 확인, 고객 확인과 같은 일상적인 작업을 자동화하면 인적 오류와 운영 비용이 줄어들어 금융 기관이 전략적 성장 영역에 더 많은 리소스를 집중할 수 있다. AI는 개별 고객 데이터를 분석해 개인화된 뱅킹 및 투자 조언, 맞춤형 금융 상품, 사전 서비스 추천을 제공해 고객 만족도와 충성도를 향상시킨다.

(4) 알고리즘 거래

거래자와 펀드 매니저는 AI를 사용해 방대한 양의 시장 데이터를 분석하고, 시장 움직임을 예측하고, 최적의 시간에 거래를 실행해 잠재적으로 더 높은 수익을 창출한다.

(5) 개인 정보보호 및 보안 위험

AI 시스템을 교육하는 데 필요한 광범위한 데이터는 심각한 개인 정보 보호 문제를 야기한다. 또한 금융 시스템에 AI를 통합하면 복잡한 보안 문제가 발생해 시스템이 새로운 형태의 사이버 공격에 잠재적으로 취약해진다.

(6) 일자리 대체

금융 산업의 AI 기반 자동화는 특히 일상적인 작업과 데이터 처리에 초점을 맞춘 역할에서 일자리 손실로 이어질 수 있으며 잠재적으로 사회적, 경제적 문제로 이어질 수 있다.

(7) 편향과 공정성

AI 시스템은 편향된 데이터에 관해 교육을 받으면 편견을 지속하거나 증폭시켜 대출, 보험 인수 및 기타 금융 결정에서 특정 고객 그룹을 불공정하게 대우할 수 있다. AI 및 기계학습 모델의 동적 특성으로 인해 금융 기관이 기존 금융 규정을 지속적으로 준수하기가 어려울 수 있으므로 새로운 프레임워크와 지속적인 모니터링이 필요하다.

(8) AI에 대한 과도한 의존

AI 시스템에 대한 과도한 의존은 인간의 감독 부족으로 이어질 수 있으며, 이로 인해 실시간으로 오류를 식별하고 수정하기가 어려워질 수 있다. 이는 상당한 금전적 손실이나 운영 중단을 초래할 수 있다.

(9) 투명성 및 책임

많은 AI 시스템은 의사 결정 과정이 투명하지 않아 의사 결정 방식을 이해하기 어려운 '블랙박스'로 작동합니다. 이러한 투명성 부족은 특히 규제 상황에서 결정을 설명하거나 정당화해야 할 때 중요한 문제가 될 수 있다.

AI가 금융 산업에 미치는 영향은 혁신적이며 효율성, 향상된 고객 경험, 혁신적인 서비스를 제공한다. 그러나 이러한 이점에는 윤리적 고려 사항, 규정 준수, 강력한 보안 조치의 필요성 등의 문제가 따른다. 업계가 AI를 통해 계속 발전함에 따라 이러한 과제에 적응하면서 장점을 활용하는 것이 미래의 성공과 안정성의 열쇠가 될 것이다.

4) 제조업계

제조 산업에서 인공지능(AI)의 채택은 보다 효율적이고 유연하며 혁신적인 생산 시스템을 향한 중요한 변화를 의미한다.

[그림8] 미래의 인공지능을 활용한 제조업계 이미지(출처 : 챗GPT4)

(1) 품질 관리

AI는 기계가 고장나거나 유지 관리가 필요한 시기를 예측해 가동 중지 시간을 최소화하고 비용을 절감한다. AI 시스템은 제조 과정에서 실시간으로 제품을 분석해 결함을 감지하고 품질 표준을 보장하고 수요 예측, 재고 관리, 가장 효율적인 배송 경로식별을 통해 공급망 운영을 최적화한다.

(2) 고객 추천, 재고 관리

AI는 쇼핑 행동을 분석해 개인화된 제품 추천을 제공하고 고객 경험을 향상시키고, 수요를 예측해 재고 수준을 최적화하고 과잉 재고와 재고 부족을 줄인다.

(3) 가상 체험

AI 기반 도구를 사용하면 고객은 증강 현실을 통해 제품(예: 옷, 안경)이 자신에게 어떻게 보일지 시각화할 수 있다.

(4) 제조업계의 영향 및 장점

① 효율성 및 생산성 향상

AI는 유지 관리 요구 사항을 예측하고 가동 중지 시간을 줄이며 생산이 원활하고 효율적으로 실행되도록 보장해 제조 프로세스를 최적화한다. 이는 생산성의 상당한 증가로 이어질 수 있다. AI 기반 육안 검사시스템은 인간 검사자보다 훨씬 더 높은 정확도와 속도로 결함과 품질 문제를 감지할 수 있어 제품 품질과 고객 만족도가 향상된다.

② 공급망 최적화

AI 알고리즘은 수요를 예측하고, 재고 수준을 최적화하고, 물류 계획을 개선하고, 낭비를 줄이고, 제품이 필요한 곳에 보다 효율적으로 배송되도록 보장할 수 있다. 장비 센서의 데이터를 분석해 기계가 고장 날 가능성이 있거나 유지 관리가 필요한 시기를 예측해 사전에 수리하고 계획되지 않은 가동 중지 시간을 줄일 수 있다.

③ 맞춤화 및 디자인

AI는 고객 선호도와 시장 동향을 보다 정교하게 분석해 맞춤형 제품 개발을 지원하고 제조업체가 변화하는 소비자 요구에 보다 신속하게 대응할 수 있도록 돕는다.

④ 작업자 안전

AI 기반 로봇은 위험하거나 반복적인 작업을 수행해 작업자의 부상 위험을 줄이고 전반적인 작업장 안전을 향상시킬 수 있다. 그리고 에너지 수요와 가용성에 따라 생산 일정과 기계 설정을 조정해 제조 공정에서 에너지 사용을 최적화하고 비용과 환경에 미치는 영향을 줄일 수 있다.

(5) 부정적인 측면과 과제

① 직업 대체

제조 작업의 자동화는 특히 매우 일상적이거나 위험한 역할의 근로자를 대체할 수 있다. 이는 일자리 손실과 인력 재교육의 필요성에 대한 우려를 불러일으킬 수밖에 없다.

② 초기 비용 및 통합 복잡성

하드웨어, 소프트웨어 비용, 기존 시스템 통합 비용을 포함해 AI 기술을 구현하는 데 드는 초기 비용이 상당할 수 있다. 이는 중소기업에게는 장벽이 충분히 될 수 있다.

③ 데이터 보안 및 개인 정보 보호

제조 프로세스가 더욱 데이터 중심으로 변하면서 데이터 유출 및 사이버 공격의 위험이 증가한다. 민감한 정보를 보호하는 것은 매우 중요한 과제가 된다. 또 과도한 의존으로 인해 제조 프로세스가 기술적 오류나 사이버 공격에 취약해질 수 있다. 중복성을 보장하고 수동 작업으로 되돌릴 수 있는 기능이 필요하다.

④ 기술 격차

AI 기반 제조로 전환하려면 다양한 기술을 갖춘 인력이 필요하다. AI, 데이터 분석, 사이버 보안에 숙련된 전문가에 대한 수요가 증가하고 있으며, 이는 교육과 훈련을 통해 해결해야 할 기술 격차로 이어진다.

AI가 제조 산업에 미치는 영향은 엄청나며 효율성, 품질 및 혁신을 크게 향상할 수 있는 기회를 제공한다. 그러나 이러한 이점에는 상당한 투자의 필요성, 근로자의 잠재적 대체, 데이터 보안 및 기술 의존과 관련된 새로운 위험의 출현 등의 과제가 따른다. AI의 이점과 이러한 고려 사항의 균형을 맞추려면 전략 계획, 인력 개발에 대한 지속적인 투자, 강력한 사이버 보안 조치 채택이 필요하다. AI를 활용한 제조의 미래는 유망하지만 복잡성을 신중하게 탐색해야 한다.

5) 교육업계

교육산업에 인공지능(AI)이 통합되면서 교육 및 학습 프로세스에 혁명이 일어나고, 맞춤형 학습 경험을 제공하고, 관리 작업을 자동화하고, 교육자가 보다 영향력 있는 교육 관행에 집중할 수 있게 됐다. 그러나 다른 혁신적인 기술과 마찬가지로 AI를 교육에 적용하는 데에는 상당한 장점과 잠재적인 단점이 있다.

[그림9] 미래의 인공지능을 활용한 교육업계 이미지(출처 : 챗GPT4)

(1) 교육에서 AI의 장점

AI는 개별 요구 사항, 학습 스타일, 각 학생의 속도에 맞게 교육 콘텐츠를 맞춤화할 수 있다. 이러한 개인화된 접근 방식은 특정 강점과 약점을 해결함으로써 학습 결과와 참여를 개선하는 데 도움이 될 수 있다. AI 기반 도구를 사용하면 장애가 있는 학생들이 교육에 더 쉽게 접근할 수 있다. 예를 들어 음성-텍스트 기술 및 AI 기반 교육 소프트웨어는 시각 또는 청각 장애가 있는 학생들을 도울 수 있다.

AI는 채점, 출석 추적, 일정 관리와 같은 일상적인 작업을 자동화할 수 있다. 이러한 자동화를 통해 교육자는 학생을 가르치고 참여하는 데 더 많은 시간을 할애할 수 있다.

실시간 피드백이 가능하다. AI 시스템은 학생과 교육자에게 학습 진행 상황에 대한 즉각적인 피드백을 제공해 교육 전략이나 학습 습관을 빠르게 조정할 수 있다. AI 기반 교육 게임 및 시뮬레이션을 통해 더욱 상호 작용 적이고 매력적인 학습이 가능해 학생들에게 동기를 부여하고 복잡한 주제에 대한 이해를 높이는 데 도움이 된다. 방대한 양의 교육 데이터를 분석해 교육 효과, 학생 성과 추세, 교육 자료 및 전략의 효율성에 대한 통찰력을 제공할 수 있다.

(2) 교육에서 AI의 부정적인 측면

학생 데이터의 수집 및 분석은 개인 정보 보호 및 개인 정보 보안에 대한 우려를 불러일으킨다. 데이터 보호를 보장하는 것은 교육환경에서 신뢰와 안전을 유지하는 데 가장 중요하다. 또한 기술과 인터넷에 대한 불평등한 접근은 교육 불평등을 악화시킬 수 있다. 자원이 부족한 지역 사회의 학생들은 AI 기반 교육 도구에 대한 접근이 부족할 수 있으며, 이로 인해 부유한 지역의 동료들과 격차가 더 벌어질 수 있다.

AI는 개인화된 학습 경험을 제공할 수 있지만 인간 상호 작용을 줄여 교육을 의인화 할 위험이 있다. 학습의 사회적 측면과 교사가 제공하는 멘토링은 AI로 복제하기 어렵다.

기술에 대한 과도한 의존가 높아진다. 교육을 위해 AI에 과도하게 의존하면 비판적 사고와 문제 해결 능력이 저하될 수 있다. 또한 학생들이 답을 얻기 위해 기술에 너무 의존하게 돼 독립적으로 학습하는 능력이 저하될 위험도 있다. AI 알고리즘은 훈련 데이터에 존재하는 편견을 상속받을 수 있으며 잠재적으로 편향된 교육 콘텐츠 및 권장 사항으로 이어질 수 있다. 이는 교육 시스템 내에서 고정관념과 불평등을 영속시킬 수 있다.

AI가 교육 및 행정 업무를 자동화해 교육자와 행정 직원을 대체할 수 있다는 우려가 있다. 그러나 지도, 멘토링, 정서적 지원을 제공하는 교사의 역할은 AI로 대체할 수 없다. AI 시스템의 초기 설정, 유지 관리 및 정기적인 업데이트에는 비용이 많이 들 수 있다. 이러한 비용은 일부 기관, 특히 이미 제한된 자원으로 어려움을 겪고 있는 기관의 경우 감당하기 어려울 수 있다.

AI가 교육산업에 미치는 영향은 상당하며 학습 경험을 향상하고 접근성을 개선하며 효율성을 높일 수 있는 잠재력을 제공한다. 그러나 AI를 교육에 성공적으로 통합하려면 개인 정보 보호, 형평성 및 학습의 인간적 측면을 신중하게 고려해야 한다. AI의 이점을 활용하는 동시에 문제를 완화하려면 이러한 고려 사항과 기술 발전의 균형을 맞추는 것이 중요하다. AI 기술에 대한 공평한 접근을 보장하고, 학생 데이터를 보호하며, 교육에서 대체할 수 없는 인간적 요소를 유지하는 것은 AI가 교육환경에 가져올 수 있는 긍정적인 변화를 실현하는 데 필수적인 단계이다.

6) 세무 회계 분야

세무 회계분야는 인공지능(AI)을 통합하면 이러한 분야가 재편되면서 효율성과 정확성을 위한 새로운 도구를 제공하는 동시에 인력에 대한 과제와 고려 사항도 도입되고 있다. AI가 이러한 직업에 어떤 영향을 미치는지, 장점과 부정적인 측면을 알아보자.

[그림10] 미래의 인공지능을 활용한 세무 회계 분야 이미지(출처 : 챗GPT4)

(1) 효율성 향상

AI를 사용하면 반복적이고 시간 소모적인 업무를 자동화할 수 있어 업무 처리 시간이 크게 단축된다. 이는 세무사와 회계사가 더 복잡한 문제에 집중할 수 있게 해준다. 대량의 데이터를 빠르고 정확하게 처리할 수 있어 오류의 가능성을 줄이고 보고서의 정확성을 높인다.

(2) 의사 결정 지원

AI는 데이터 분석을 통해 트렌드를 예측하고 의사 결정을 지원할 수 있다. 이는 세무와 회계 전략을 수립할 때 유용하다.

(3) 고객 맞춤형 서비스 제공

AI는 고객의 과거 데이터를 분석해 개인화된 조언과 솔루션을 제공할 수 있다. 이는 고객 만족도를 높이는 데 중요한 역할을 한다.

(4) 초기 비용과 유지 관리

AI 시스템의 도입과 유지 관리는 상당한 초기 투자가 필요하며, 지속적인 업데이트와 유지 관리 비용이 발생할 수 있다. AI 기술을 효과적으로 활용하려면 세무사와 회계사는 관련 기술에 대한 교육과 훈련이 필요하다. 이는 학습 곡선이 가파를 수 있음을 의미한다.

(5) 직업 안정성에 대한 우려

자동화가 일부 전통적인 업무를 대체함에 따라 일부 전문가들은 자신의 역할이 축소될까 우려된다. AI에 의한 자동화된 서비스는 고객과의 개인적인 상호 작용을 줄일 수 있으며 이는 일부 고객에게는 중요한 단점이 될 수 있다.

(6) 윤리적 및 프라이버시 문제

데이터를 처리하고 분석하는 과정에서 개인정보보호와 윤리적인 문제가 발생할 수 있다. 이는 적절한 규제와 관리가 필요하다.

(7) 인력 및 비용

일상적인 업무를 자동화하면 초급 및 중급 세무사에 대한 수요가 줄어들어 일자리 대체에 대한 우려가 발생할 수 있다. 소규모 기업에서는 AI 솔루션을 구현하는 데 드는 비용과 복잡성이 엄청나게 높아서 대규모 관행과 소규모 관행 간의 격차가 더 커질 수 있다.

AI의 활용은 세무사와 회계사에게 많은 이점을 제공하며 업무방식을 혁신할 잠재력을 갖고 있다. 그러나 이러한 변화는 적절한 훈련, 윤리적 고려, 그리고 기술적 적응을 필요로 한다.

7) 운송 물류 업계

물류 및 운송 산업에서 인공지능(AI)을 사용하면 상품과 사람이 전 세계를 이동하는 방식이 변화돼 효율성, 안전 및 지속 가능성이 향상된다. AI의 영향은 심오해 여러 가지 장점을 제공하는 동시에 몇 가지 과제와 부정적인 측면도 제시한다.

[그림11] 미래의 인공지능을 활용한 운송 물류 업계 이미지(출처 : 챗GPT4)

(1) 공급망 최적화

AI 알고리즘은 수요를 예측하고, 재고를 최적화하고, 창고 운영을 보다 효율적으로 관리해 낭비를 줄이고 배송 시간을 개선할 수 있다.

(2) 경로 최적화

AI는 교통 상황, 날씨, 배송 기간 등의 요소를 고려해 배송 차량의 가장 효율적인 경로를 결정하는 데 도움을 주어 시간과 연료비를 절약한다. 자율주행차를 구동해 개인 및 상업용 교통수단의 안전성과 효율성을 향상시킨다.

(3) 예측 유지 관리

AI는 차량 센서의 데이터를 분석해 트럭 및 기타 물류 장비에 유지 관리가 필요한 시기를 예측해 고장을 방지하고 가동 중지 시간을 줄일 수 있다. AI가 실시간으로 교통을 분석해 교통 흐름을 최적화하고 혼잡을 줄인다.

(4) 자동화된 창고업

AI 기반 로봇은 창고에서 선별, 포장 및 분류 작업을 자동화해 속도와 정확성을 높이는 동시에 인건비를 절감할 수 있다.

(5) 높은 초기 투자

물류 분야에서 AI 기술을 구현하려면 기술 및 교육에 대한 상당한 선행 투자가 필요하며 이는 소규모 운영자에게는 불가능할 수 있다.

(6) 일자리 대체

창고 자동화 및 경로 최적화로 인해 특정 역할에 종사하는 인력의 필요성이 줄어들어 일자리 손실에 대한 우려가 생길 수 있다.

(7) 데이터 보안 및 개인 정보 보호

AI 기반 물류 운영에서 데이터가 광범위하게 사용되면서 데이터 보안과 민감한 정보의 개인 정보 보호에 대한 우려가 높아졌다. 복잡성 및 신뢰성에 문제가 생긴다. AI 시스템은 구현 및 관리가 복잡할 수 있다. 이러한 시스템에 의존하면 실패하거나 오류가 발생할 경우 위험이 발생해 잠재적으로 물류 운영이 중단될 수 있다.

AI는 물류 업계에 전례 없는 변화를 가져오고 있으며 이를 적극적으로 수용하고 혁신을 추진하는 기업들이 미래의 경쟁에서 우위를 점할 것이다. AI 기술의 지속적인 발전과 함께 물류 업계는 더욱 지능적이고 유연하며 고객 중심적인 서비스를 제공할 수 있게 될 것이다.

Epilogue

AI의 업무 효율화는 산업 전반에 걸쳐 변화의 바람을 몰고 왔다. 한때 상상조차 할 수 없었던 혁신과 진보가 현실이 됐다. 이 변화의 여정에서 우리는 기술이 인간의 능력을 확장하고 업무 방식을 재정의하며 새로운 기회의 문을 열어주는 것을 목격했을 것이다.

AI를 통한 업무의 자동화와 최적화는 시간과 비용을 절약하며 동시에 생산성과 창의성을 높이는 촉매제가 됐다. 이러한 변화는 단순히 더 많은 일을 더 빨리 처리하는 것을 넘어서 직원들이 더 의미 있는 작업에 집중할 수 있는 여지를 마련해줬다.

산업의 각 분야에서 AI의 적용은 고유한 도전 과제와 기회를 제시했다. 제조에서는 스마트 팩토리가 등장해 생산 효율성을 극대화했고, 의료 분야에서는 진단의 정확성을 높이며 치료법을 혁신했다. 금융에서는 맞춤형 서비스 제공과 사기 방지에서 중요한 역할을 하게 됐다.

이 모든 변화의 중심에는 AI가 있었다. 이 기술은 단순히 업무를 수행하는 방식만을 변화시킨 것이 아니라 우리가 생각하고 협력하며 문제를 해결하는 방식에 깊은 영향을 미쳤다.

AI의 업무 효율화는 산업의 미래를 형성하는 중요한 힘이다. 이 변화를 포용하고 적응하는 것은 우리 모두에게 중대한 도전이자 무한한 가능성을 향한 여정이다. AI와 함께라면 우리는 더욱 지능적이고 연결된 세상을 만들어 갈 수 있다. 이는 단지 시작에 불과하며 앞으로 펼쳐질 미래는 우리의 상상력을 초월하는 변화와 기회로 가득 차 있을 것이다.

생성형 AI를 활용한 개인화된 업무 전략 구축 방법

김 현 호

제4장

생성형 AI를 활용한 개인화된 업무 전략 구축 방법

Prologue

우리가 살고 있는 세상은 끊임없이 변화하고 있으며 이 변화의 중심에는 기술이 자리 잡고 있다. 특히 인공지능은 우리의 일상뿐만 아니라 업무 환경에도 혁신적인 변화를 가져오고 있다.

우리가 일하는 방식은 시대와 함께 진화하고 변화해 왔다. 이와 같이 현재 또한 개개인의 능력, 선호, 생활 방식이 다양해지면서 업무 방식 역시 이러한 다양성을 반영해야 할 필요성이 커지고 있다. 이 장은 바로 이러한 전환점에 서서 인공지능(AI)을 활용해 개인에게 최적화된 업무 전략을 구축하는 방법을 탐구하고 있다.

본 장의 목적은 생성형 AI와 개인화된 업무 전략에 대한 여정을 시작하는 모든 이들을 위한 길잡이가 되는 것이다. 이처럼 AI 초보자이든, 업무 개선을 위한 새로운 방법을 모색하는 전문가이든 관계없이 여러분이 직면한 도전을 극복하고 개인화된 업무 전략을 성공적으로 구축하는 데 필요한 지식과 영감을 제공하는 가이드가 되길 바란다.

1. 업무 전략 구축을 위한 AI 도구 선택과 사용법

1) AI 도구 선택의 기준

우리가 직면한 업무 환경은 끊임없이 변화하고 있으며 이러한 변화 속에서 생산성을 극대화하고 목표를 달성하기 위해서는 현명한 선택이 필수적이다.

다음은 생성형 AI 선택 기준이다.

(1) 목적과 필요성 이해하기

자신이나 조직이 직면한 문제나 달성하고자 하는 목표를 명확히 해야한다. 이를 통해 필요한 AI 도구의 유형(텍스트 생성, 이미지 생성, 음성 생성 등)을 결정할 수 있다.

(2) 기능과 성능 평가하기

각 도구가 제공하는 기능을 살펴보고 그 성능이 자신의 요구사항을 충족시키는지 평가한다. 예를 들어 텍스트 생성 AI의 경우, 언어모델의 다양성, 정확성, 생성 속도 등을 고려할 수 있다.

(3) 사용의 용이성 검토하기

도구의 사용자 인터페이스가 직관적이고 사용하기 쉬운지, 또한 충분한 문서화와 지원이 제공되는지 확인해야 한다. 사용의 용이성은 도구의 학습 곡선과 직접적으로 관련이 있으며 효율적인 도구 활용에 중요한 요소이기 때문이다.

(4) 비용과 예산 고려하기

도구의 비용과 자신의 예산을 비교해야 한다. 일부 도구는 무료로 제공되지만 제한된 기능을 가질 수 있어 고급 기능이나 더 높은 성능을 제공하는 유료 버전을 고려해야 할 수 있기 때문이다.

(5) 호환성과 통합 가능성 확인하기

선택한 AI 도구가 기존의 업무 시스템이나 소프트웨어와 호환되는지, 쉽게 통합될 수 있는지 확인한다. 이는 업무 프로세스의 원활한 진행과 효율성을 보장하는 데 중요하기 때문이다.

(6) 보안과 프라이버시 검토하기

도구가 데이터 보안과 개인 정보 보호 기준을 준수하는지 확인해야 한다. 특히 기업 환경에서 사용하는 경우 이는 매우 중요한 고려 사항이다.

(7) 평판과 사용자 리뷰 참고하기

다른 사용자들의 경험과 평가를 참고해 도구의 실제 성능과 만족도를 파악한다. 이는 마케팅 자료만으로는 알 수 없는 실질적인 사용 경험을 제공하기 때문이다.

2) 선택한 AI 도구 사용법

대부분이라면 자신이 해당하는 조건에 모두 부합하는 AI 도구는 사람들에게 많이 알려진 챗GPT나 구글 '제미나이'일 것이다. 당연하게도 이 두 AI 도구들은 잘 알려진 만큼 오랜 시간 개발돼 범용성이 매우 넓기 때문이다. 그러므로 이 두 AI 도구들의 사용법을 알아볼 것이다.

먼저 챗GPT이다. 챗GPT는 open AI사에서 출시한 GPT-3.5/4.0를 기반으로 만든 채팅형 AI이다. 다음은 사용법을 살펴보기로 하자.

(1) 챗GPT 활용하기

챗GPT의 공식 사이트, 앱에 접속한다.

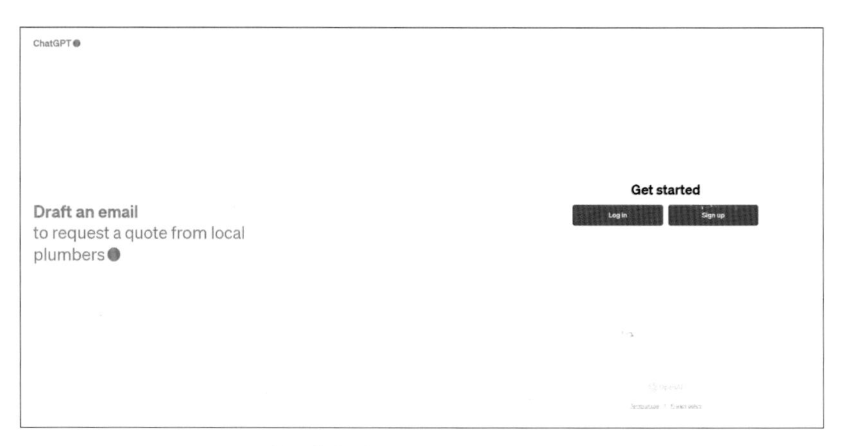

[그림1] 챗GPT 공식 사이트, 앱

로그인 또는 계정을 생성한다.

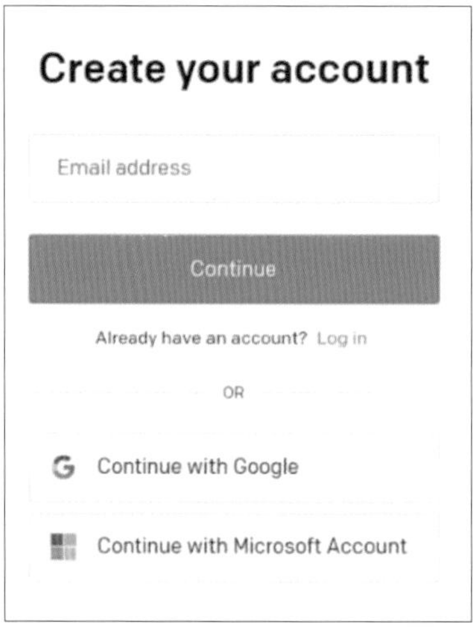

[그림2] 로그인 창

하단에 원하는 질문을 입력한다. 이때 자신이 활용할 수 있는 잘 작성된 프롬프트 예시를 찾아 입력하는 것도 좋은 방법 중 하나이다.

[그림3] 챗GPT 대화창

챗GPT에서는 무료 버전이랑 유료 버전이 존재하고 있으며, 무료 버전에서의 성능은 유료 버전에서의 성능보다 낮게 설정돼 있고, 기능과 속도 등 여러 부분에서 제한이 있다. 그렇기에 앞에서 서술한 선택 기준의 비용과 예산 고려하기 부분을 재 확인한 후 선택하면 된다.

	ChatGPT 무료 버전	ChatGPT 유료 버전
사용 모델	GPT-3.5	GPT-4
사용 제한	- 일정한 요청 한도 - 동시 요청 제한	- 증가된 일일 요청 한도 - 동시 요청 가능
응답 속도	높은 사용량 때문에 응답이 다소 느림	우선적인 서비스로 빠른 응답
기능 및 API	기본적인 기능에만 접근	확장된 기능 및 API와 다양한 플러그인 사용 가능
지원/업데이트	제한된 지원 및 업데이트 알림	우선적인 지원 및 빠른 업데이트 알림
가격	무료	월 $ 20 (부가세 포함 $ 22)

[그림4] 두 버전의 차이점

GPTS라는 기능을 활용해 남이 만들어 낸 각양각색의 전용 GPT를 사용하거나 자신이 제작한 GPT를 용도에 맞게 적절히 사용할 수 있다.

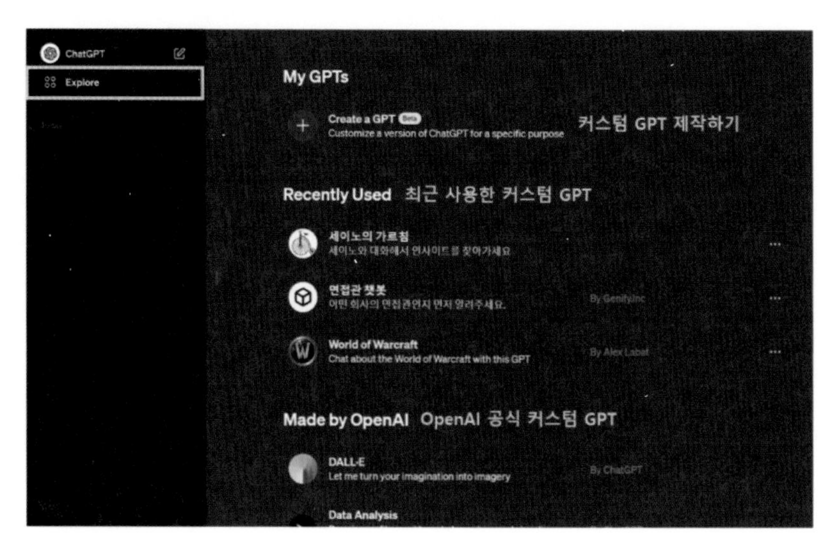

[그림5] 챗GPT의 GPTS(해당 기능은 유료 사용자만 사용할 수 있는 기능이다.)

(2) 구글 제미나이 활용하기

이처럼 챗GPT의 다양한 기능의 사용법을 알아보았으니 이제 구글에서 출시해 현재 사용이 가능한 '제미나이'를 사용하는 법을 알아보겠다.

제미나이는 2023년 구글에서 출시한 고성능 신형 AI로 전 버전인 바드와 합쳐 새로운 AI로 재탄생했고 성능이 월등하게 증가했다는 것이 특징이다. 다음은 사용법이다.

제미나이 구글 공식 웹사이트/앱에 들어간다.

[그림6] 제미나이 공식 웹사이트/앱

구글 계정을 사용해 로그인 할 수 있다. 만약 구글 계정이 없다면 새로 만들어서 로그인 한다.

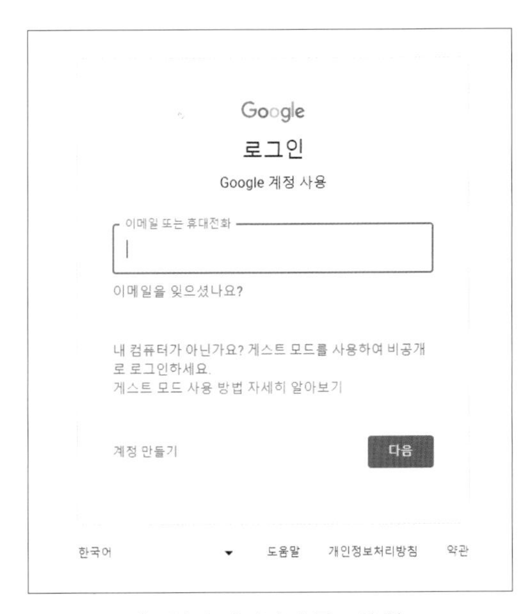

[그림7] 제미나이 로그인 창

중앙 하단 부분에 자신이 원하는 질문을 적으면 된다. 챗GPT와 마찬가지로 잘 작성된 프롬프트를 찾아 활용하면 더 좋은 답변이 나올 수 있어 추천한다.

[그림8] 제미나이 대화창

제미나이 또한 챗GPT와 같이 여러 가지의 종류가 있는데 총 3가지로 구분된다.

① **제미나이 나노** : 제미나이가 탑재된 스마트폰에서 외부 서버의 연결 없이 실행 가능한 비교적 가벼운 버전이다.

② **제미나이 프로** : 현재 사용 가능한 무료 버전으로 로그인만 하면 누구나 쉽게 이용 가능하다. 챗GPT와 비교하자면 GPT-3.5와 같다고 생각하면 된다.

③ **제미나이 울트라** : 제미나이 프로의 유료 버전이며 GPT-4.0과도 같다고 생각하면 된다.

제미나이, 특히 '제미나이 울트라'는 챗GPT의 GPTS와 같은 별개의 추가적인 기능은 없지만 구글의 테스트에서는 실제 전문가들을 능가하는 결과를 보여주며 높은 성능을 보여줬다. 구글과 연동 가능한 워크스페이스, 구글 클라우드 등에서 탑재돼 사용자에게 효과적인 도움을 줄수 있다. 동시에 그림 분석 기능과 같은 편의성 기능을 갖고 있어 개인화된 업무 전략 구축에 챗GPT와는 다른 효과적인 도움이 될 것이다.

2. 개인화된 업무 전략 구축 방법

1) 개인 역량과 선호 파악

먼저 자기 자신을 아는 것이 매우 중요하다. 자신의 강점과 약점을 식별해 어떤 활동에서 뛰어난 성과를 내는지, 어떤 부분에서 어려움을 느끼는지를 파악하고 선호도 분석을 통해 어떤 영역에서 흥미를 느끼는지 파악한다. 업무 패턴 분석은 자신의 일과 중 언제 가장 생산적인지, 어떤 유형의 업무를 더 잘 처리하는지 등의 패턴을 파악함으로써 개인의 역량을 파악하는 것에 있어 도움이 된다.

만약 자신이 무엇을 선호하는지 갈피를 잡지 못하겠다면 다른 사람의 시선에서 도움을 받는 것도 좋은 방법이다. 자신의 상사나 동료들에게 피드백을 받으며 객관적인 시각에서 자신을 인식하는 것이다.

새로운 도전을 해보는 것도 좋은 방법이 될 수 있을 것이다. 다양한 업무나 프로젝트에 참여해 보며 자신의 선호와 강점을 파악하고, 원래와는 다른 역할과 책임, 도전적인 프로젝트에 참여해 보며 자신의 역량을 판단하는 것이다.

(1) 개인개발계획(PDP) 작성

개인개발계획(PDP) 작성은 매우 중요하다. PDP란 자신이 가진 개인의 경력 목표와 실천 계획을 구체화하는 것으로 다음과 같이 나눌 수 있다.

① **경력 정보** : 자신의 경력
② **역량** : 자신이 보유한 지식
③ **역량 계발 계획** : 자신의 역량 유형, 역량명, 현 수준, 목표 수준, 계발 계획.
④ **자기 계발 현황** : 상반기와 하반기를 나누어 확인된 자기 계발의 현황

이와 같이 PDP를 작성하며 자신의 목표가 무엇이었는지 현재 자신은 어떠한지를 파악할 수 있다.

(2) SWOT 분석

SWOT 분석 또한 매우 중요한 분석 방법이다.

	STRENGTHS Positive characteristics and advantages of the issue, situation, or technique	**WEAKNESSES** Negative characteristics and disadvantages of the issue, situation, or technique
OPPORTUNITIES Factors, situations that can benefit, enhance or improve the issue, situation, or technique	**S-O Strategy/Analysis** *Using strengths to take advantage of opportunities*	**W-O Strategy/Analysis** *Overcoming weaknesses by taking advantage of opportunities*
THREATS Factors, situations that can hinder the issue, situation, or technique	**S-T Strategy/Analysis** *Using strengths to avoid threats*	**W-T Strategy/Analysis** *Minimize weaknesses and avoid threats*
***This figure combines definitions from three sources (shaded[21] cells; clear cells[70,71]).**		

[그림9] SWOT 분석표

① 강점(Strength), ② 약점(Weakness), ③ 기회(Opportunity), ④ 위협(Threat) 이 네 가지로 이뤄져 있다. 기업의 강점과 약점, 환경적 기회와 위기를 열거해 효과적인 기업 경영 전략을 수립하기 위한 분석 방법이다. 매우 간단해 보이지만 빈틈없이 작성하려면 엄청난 시간과 노력을 필요로 하는 만큼 개인 역량과 선호 파악에 매우 도움이 된다.

기업의 예시로 SWOT를 사용할 때의 차이는 기업 내·외부에서 볼 수 있는 구분이다. 먼저 기업 내·외부를 구분하는 기준은 해당 기업이 통제할 수 있는가이다. 통제할 수 있으면 내부적 요인이고, 없으면 외부적 요인이다. 예를 들어 기후 변화, 재난, 국제정세 등이 외부적 요인이다. 반대로 인사정책, 기술 개발 등은 내부적 요인이다.

먼저 다음은 기업 내부요인이다. S랑 W가 여기에 해당된다.

• S의 경우

Strength (강점): 기업 내부 역량에 의해 기업에게 유리한 상황을 '강점'이라 한다. 예컨대 전통적으로 혁신적인 기업이 있다. 이는 기업의 강점이다. 정확히 말하자면 구성원들이 혁신적인 사고를 해도 불이익을 받지 않도록 하는 인사고과 제도, 리더십 없는 중간관리직이 승진하지 못하도록 조기에 퇴출해 버리는 감사 등이 강점으로 작용한다. 구성원들이 아무리 똑똑해도 위에 무능력한 상사가 버티고 D를 줘버리면 혁신을 할 수 없다. 그리고 개개인의 똑똑함 역시 잘못된 인사고과 제도와 잘못된 상사 밑에서 충분한 권한 부여가 보장되지 않을 경우 절대로 발휘될 수 없다.

• W의 경우

Weakness (약점): 기업 내부의 원인에 의해 기업에게 불리한 상황을 '약점'이라 한다. 내부 요인이라는 것은 기업이 수익을 올리는데 있어 생산원가, 공장 위치, 생산 과정 등의 불리함 등을 예로 언급할 수 있겠다. 이로 인한 소비자들의 기업에 대한 부정적인 인식 등은 약점이 아닌 위협에 속한다.

이제 기업 외부 요인이다. O와 T가 여기에 해당이 된다.

• O의 경우

Opportunity (기회) : 기업 외부 요인에 의해 기업에게 유리한 상황을 '기회'라 한다. 예를 들어 광우병 논란으로 쇠고기에 대한 감정이 안 좋아졌을 때에는 대체재인 돼지고기, 닭고기를 취급하는 업체들에게 호재였다. 저출산 고령화는 실버산업체, 평생교육 강사, 건강기능식품 제조사들에게는 시장 확대로 이어진다. 즉, 이들에게는 기회였다.

• T의 경우

Threat (위기) : 기업 외부의 요인에 의해 기업에게 불리한 상황을 '위기'라 한다. 예를 들어 광우병 논란으로 쇠고기를 취급하던 패스트푸드 업체들은 매출 감소를 걱정해야만 했다. 저출산 고령화는 지방 중소도시 산부인과 의사, 유치원 원장, 장난감 제조사들에게는 소비자들의 감소를 의미한다. 이는 업체들에게 심각한 위기였다고 볼 수 있다.

이처럼 일반적인 SWOT 분석처럼 개별적으로 분석할 수도 있지만, 강점과 기회(SO)분석, 강점과 위기(ST)분석, 약점과 기회(WO)분석, 약점과 위기(WT)분석의 네 가지 방법으로 분석하는 방법 또한 있다. 내부요인과 외부요인을 결합해서 생각해 보는 것이 향후 전략을 수립할 때 도움이 되기 때문이다.

내부요인 두 가지와 외부요인 두 가지를 연결해 총 네 가지 전략을 세울 수 있다. 사실 이것이야말로 SWOT 분석의 목적이라고 할 수 있으며, 품질 좋은 컨설팅은 여기서 나타난다. 아무리 매트릭스를 열심히 채웠어도 그걸 바탕으로 전략을 도출하지 못한다면 매트릭스를 채우는 의미가 없기 때문이다. 아래는 전략들의 종류이다.

① **SO 전략** : 강점을 살려 기회를 잡는 전략
② **ST 전략** : 강점을 살려 위기를 극복하는 전략
③ **WO 전략** : 약점을 보완해 기회를 잡는 전략
④ **WT 전략** : 약점을 보완해 위기를 돌파하는 전략

또한, SWOT 분석에서는 현재의 것만 평가에 넣어야 한다. 이미 끝난 과거의 것을 평가에 넣는 일은 금기시된다. 때문에 '혁신을 만들어왔던 전통' 같은 것은 SWOT의 어떤 면에도 해당하지 않으므로 분석에서 제외된다.

(3) VRIO 전략

기업 SWOT 분석과 비슷하지만 다른 기업 중심의 'VRIO 전략'이 있는데 이는 경쟁 우위의 원천이 되는 자원·능력의 조건을 파악함으로써 핵심역량을 알기 쉽게 하는 분석 툴이다.

[그림10] VRIO 분석표

각각으로는 다음과 같이 정의할 수 있다.

① V(value, 가치)

특정 기업의 특정한 자원·능력이 기회를 이용하고 위협을 완화시킬 수 있다면 가치 있는 자원·능력이다.

② R(rarity, 희소성)

특정 기업의 특정한 자원·능력이 많은 다른 경쟁기업도 갖고 있다면 희소성이 없는 자원·능력이다. 경쟁 우위의 원천이 될 수 없다.

③ I(imitability, 모방가능성)

특정 자원을 소유하고 있지 않은 기업이 그 자원을 획득, 개발하는데 원가 열위를 가진다면 모방가능성이 낮은 자원이다. 경쟁 우위의 원천이 될 수 있다.

④ O(organization, 조직)

가치 있고 희소하며 모방이 어려운 자원·능력을 이용할 수 있고 경쟁적 잠재력을 이용할 수 있도록 기업이 조직돼 있다면 경쟁 우위의 원천이다.

이로 알 수 있는 VRIO 분석 결과는 다음과 같다.

가치 없다 : 경쟁 열위.
가치 있지만 희소하지 않다 : 경쟁에 영향을 주지 않는다.
가치 있고 희소하지만 모방하기 쉽다 : 임시적 경쟁 우위만을 보장한다. 금방 따라 잡힌다.
가치 있고 희소하고 모방하기 어렵다 : 지속적 경쟁 우위를 보장한다.
가치 있고 희소하고 모방하기 어려우며 조직 특화적이다 : 지속적 경쟁 우위의 유지 및 조직 특유 성과를 얻는다.

이처럼 VRIO를 순서대로 분석하는 이유는 위 분석 결과 4가지에서 맨 위에서부터 맨 아래로 갈수록 자원·능력의 쓸모가 점점 늘어나기 때문이라고 할 수 있다.

이와 같이 여러 가지의 분석을 해보며 나의 역량을 알 수 있는 것뿐만 아니라 기업 자체로의 역량을 파악하는 것과 같이 넓은 시야를 통해 나 자신을 더 세부적으로 볼 수 있는 기회가 될 것이다.

2) 목표 설정과 우선순위 결정

먼저 'SMART 목표 설정'이다.

① Specific(구체적인)

광범위한 목표가 아닌 구체적인 목표를 달성하기 위해 SMART 목표를 수립한다는 점을 명심해야 한다. 우리는 구체적인 프로젝트가 성공하길 원하는 것이다. 목표를 달성할 수 있도록 수행 중인 작업과 연관된 구체적인 목표를 설정해야한다.

② Measurable(측정 가능한)

프로젝트 성공과 실패를 평가할 수 있는 특징이다. 목표에는 성공과 실패를 측정할 수 있는 일종의 객관적인 수단이 있어야 한다. 이러한 수단은 마감일, 수치, 퍼센트 변화, 기타 측정 가능한 요소 등이 될 수 있다.

③ Achievable(달성 가능한)

달성하기 마냥 쉬운 목표보다는 달성할 수 있는 범위에서 목표를 설정해야 한다. achievable은 달성 가능한 범위를 완전히 벗어난 목표를 세우지 않아야 한다는 점을 나타낸다. 이렇게 자문해 봐라. 목표가 프로젝트 범위 내에 있는가? 그렇지 않다면 그 목표는 달성이 불가능하다는 것이다.

④ Realistic(현실적인)

달성 가능한 목표를 세우는 것과 더불어 현실적인 목표를 세워야 한다. 예를 들어, 어떤 목표는 어떤 목표를 달성할 수는 있지만 이를 위해 모든 팀원이 6주 연속으로 초과 근무를 해야 할 수도 있다. 이러한 목표는 달성 가능할 수 있기도 하지만, 현실적인 목표가 아니다. 명확한 리소스 관리 계획을 수립해 달성 가능하면서도 현실적인 목표를 세워야 한다.

⑤ Time-bound(기한이 정해진)

자신의 목표에는 종료일이 있어야 한다. 기한이 없다면 프로젝트는 지연되고, 불명확한 성공 지표를 가지게 되고, 범위 변동으로 혼선을 빚게 될 것이다. 아직 목표에 기한을 설정하지 않았다면 명확한 프로젝트 타임라인을 설정해야 한다.

[그림11] SMART 분석표

이 다섯 가지의 기준을 작성하는 것이 보통의 목표를 세우고 달성하는 것보다 우선순위임을 기억해야 한다. SMART 목표를 세우는 것이 보통의 목표를 세우는 것보다 더 많은 시간이 들 수도 있다. 하지만 이를 통해 얻을 수 있는 가치는 목표 설정에 추가 적으로 소요하는 시간을 능가한다. 목표는 한번 세워놓고 잊어버리는 것이 아니다. 결국 목표는 프로젝트 계획 과정의 핵심이다.

이제 우선순위를 명확히 판별해야 한다. SMART 목표를 세운 후 나머지 목표 또는 업무의 중요도와 긴급성을 평가해 우선순위를 결정해야 한다. 이는 목표 및 업무를 효율적으로 관리하고 시간을 최적화하는 데 도움이 될 것이다.

3) AI 사용, 최종적으로 모은 정보들을 활용해 자신만의 업무 전략 구축

당신은 자신의 강점, 약점, 기회, 위협을 명확히 이해하고 있으며, 구체적이고 측정 가능하며, 달성 가능하고 관련성 있으며, 시간 기반의 SMART 목표를 설정했다. 이제 당신의 개인적 역량과 선호를 최대한 활용하면서도 동시에 개인적 약점을 극복하고 외부 위협에 대응할 수 있는 전략을 개발해야 한다.

이를 위해 각각의 SWOT 요소를 기반으로 한 목표 달성 경로를 설계하고, 이 경로를 실현하기 위한 구체적인 단계와 활동을 정의해야 한다. 각각의 단계에서 어떻게 당신의 강점을 활용하고 약점을 개선할 것인지, 기회를 최대한 활용하면서 위협을 관리할 것인지에 대한 전략을 세운다. 이 과정에서 당신의 개인개발계획(PDP)에서 정한 목표들이 어떻게 연계되는지, 그리고 이 목표들을 달성하기 위해 어떤 구체적인 활동이 필요한지를 고려하라.

이것을 자신만의 업무 전략을 위한 프롬프트를 AI에게 맡겨 작성한다. 먼저 우리는 이 프롬프트를 사용해 우리가 고른 챗GPT와 구글 제미나이에게 작성시켜 볼 것이다. 먼저 챗GPT에게 입력해 보았다.

ChatGPT

개인개발계획(PDP)을 구성하고 실행하는 과정에서 SWOT 분석(강점, 약점, 기회, 위협)을 활용하는 것은 매우 중요합니다. 각각의 요소를 기반으로 목표 달성 경로를 설계하고 구체적인 단계와 활동을 정의하는 방법을 아래에 제시하겠습니다.

1. 강점 활용하기

- **목표 설정:** 강점을 기반으로 SMART 목표를 설정합니다. 예를 들어, 커뮤니케이션 능력이 강점이라면, 네트워킹 기회 확대나 리더십 포지션 획득을 목표로 할 수 있습니다.
- **활동:** 네트워킹 이벤트 참여, 공개 발표, 리더십 교육 프로그램 참여 등을 통해 이 강점을 더욱 발전시키고 활용합니다.
- **개선 전략:** 자신감을 더욱 강화하고, 다양한 상황에서의 커뮤니케이션 능력을 향상시키기 위한 연습에 집중합니다.

2. 약점 개선하기

- **목표 설정:** 자신의 약점을 명확히 하고, 이를 개선하기 위한 구체적인 SMART 목표를 설정합니다. 예를 들어, 시간 관리 능력이 약점이라면, 효율적인 일정 관리 능력 향상을 목표로 할 수 있습니다.
- **활동:** 시간 관리 워크숍 참여, 투두리스트 앱 사용 시작, 일일 및 주간 목표 설정 등을 실시합니다.
- **개선 전략:** 시간 관리 기술을 점진적으로 향상시키며, 작은 성공을 축적하여 자신감을 높입니다.

3. 기회 활용하기

- **목표 설정:** 현재 상황에서 이용할 수 있는 기회를 식별하고, 이를 활용하기 위한 SMART 목표를 설정합니다. 예를 들어, 새로운 기술을 배울 수 있는 온라인 코스나 워크숍이 있다면, 해당 기술 습득을 목표로 설정합니다.
- **활동:** 온라인 교육 수강, 업계 네트워킹 이벤트 참가, 멘토와의 상담 등을 통해 기회를 적극적으로 활용합니다.

[그림12] 챗GPT에게 맡긴 업무 전략 구축

이번엔 구글 제미나이에게 입력해 보았다.

나만의 성공 전략: SMART 목표 달성을 위한 맞춤형 계획

개요

본 계획은 나의 강점, 약점, 기회, 위협(SWOT) 분석을 기반으로 SMART 목표 달성을 위한 구체적인 전략을 제시합니다.

목표

- **개인적 역량 및 선호 활용:** 나의 강점과 선호를 최대한 활용하여 목표 달성에 유리한 환경 조성
- **약점 극복:** 약점을 개선하고 목표 달성에 방해가 되는 요소 제거
- **외부 위협 대응:** 예상치 못한 위협에 대비하고 목표 달성을 위한 유연성 확보

전략

1. 강점 활용

- **강점:**
  - 긍정적인 사고방식
  - 끈기
  - 학습 능력
- **활용 전략:**
  - 목표 달성 과정에서 예상되는 어려움에도 긍정적인 태도 유지
  - 끈기를 발휘하여 목표 달성을 위한 노력 지속
  - 새로운 기술 및 지식 습득을 통해 학습 능력 향상

2. 약점 개선

- **약점:**
  - 완벽주의
  - 시간 관리 부족
- **개선 전략:**
  - 완벽주의를 극복하기 위해 일정 기간 내에 목표 달성에 집중
  - 시간 관리 앱 활용, 우선순위 설정 등을 통해 시간 관리 능력 향상

[그림13] 제미나이에게 맡긴 업무 전략 구축

이러한 프롬프트를 참고해 자신이 직접 실천해 본 여러 가지 분석 결과들을 추가한 뒤 선택한 AI 도구에게 물어보는 것으로 자신만의 업무 전략이 구축되는 것이다.

Epilogue

이 책의 여정을 마무리하며, 우리는 생성형 AI가 업무 자동화와 효율화에 혁명을 가져오는 데 있어 중심 역할을 한다는 것을 알게 됐을 것이고. 그 과정에서 우리는 단순히 기술적인 지식을 넘어 인간의 창의성과 기계의 능력이 어우러질 때 발휘될 수 있는 무한한 가능성을 탐구해 보았을 것이다.

생성형 AI 기술이 계속해서 발전함에 따라 우리의 업무방식도 매 순간마다 변화하고 있다. 이 책을 통해 독자 모두가 자신만의 업무 전략을 더 효과적으로 구축하고, 일상과 직업 생활에서 AI의 잠재력을 최대한 활용할 수 있는 영감을 얻었기를 바란다.

또한 이 책이 AI 기술에 대한 깊이 있는 이해와 함께 그 기술을 인간 중심적으로 활용하는 방법에 대한 중요한 통찰을 제공했기를 희망한다. AI의 미래는 우리가 어떻게 그것을 받아들이고 어떤 가치를 창출해 내느냐에 달려 있을 것이다.

5

모바일에서 만나는 AI 챗봇 어플

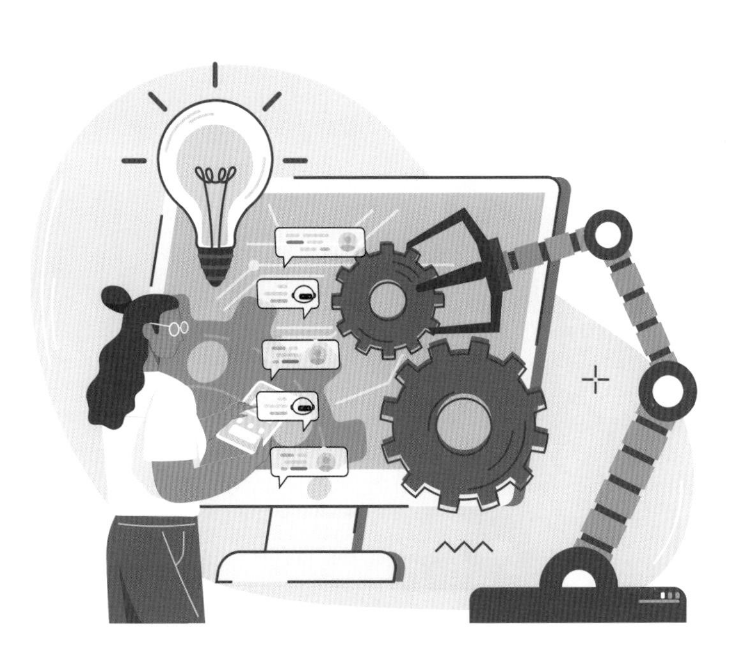

윤 지 원

제5장
모바일에서 만나는 AI 챗봇 어플

Prologue

인공지능 AI를 보다 편리하고 쉽게 활용하기 위해 스마트폰으로 활용하는 AI 활용서를 쓰게 됐다. 노트북이나 P/C가 없을 때도 언제 어디서나 꼭 내 손에 쥐고 있는 스마트폰을 활용한다면 더없이 편리할 것이다.

스마트폰이 사용되면서 스마트폰 활용은 필수에서 지금은 생존의 시대에 다다랐다. 스마트폰 활용을 못 하면 밥 못 사 먹는 시대! 자동차가 처음 도입돼 운행될 때 마차를 타던 사람들, 마차를 끄는 사람들은 큰 혼란에 빠졌다. 그 역동의 시대 마차가 자동차로 수단이 바뀌었듯이 지금은 인공지능 AI의 시대에 우리는 적응하고 활용해야 한다.

여기에서 소개하는 스마트폰 인공지능 AI 3종 어플 '챗 GPT', '카카오톡에서 만나는 AskUp', '음성 AI 비서 A. 에이닷'을 활용해 누구나 쉽게 인공지능 AI 사용하는 데 중점을 두었다.

스마트폰 AI 어플로 여러분의 업무 생산성을 조금이라도 빨리 쉽고 재밌게 하기를 바란다.

1. 스마트폰 챗GPT 활용

챗GPT를 스마트폰으로 활용하는 방법을 소개하고자 한다. 회사가 아닌 외부에서 급하게 업무를 볼 때, 꼭 컴퓨터나 노트북이 아니더라도 현장에서 쉽고 빠르게 여러 방면에서 활용할 수 있는 장점이 있다. 챗GPT 3.5와 4.0에 따라 지원하는 기능이 다르며 챗GPT 4.0은 유료로 사용할 수 있다.

스마트폰에서도 일반 프롬프트 기능을 지원하며 이번에는 '음성으로 즐기는 챗GPT' 위주로 소개하고자 한다. 특히 37개 국어를 말하고 통역하는 스마트폰 통역, 번역으로 외국어 관련 업무를 볼 때 음성으로 활용할 수 있다. 해외 출장 갔을 때 해외 관련 업무를 볼 때 도움이 된다.

1) 스마트폰 챗GPT 설치하기

플레이스토어에서 '챗GPT' 검색해 설치 버튼을 누른다. 챗GPT 로고가 하얀색인지 확인한다. 설치가 완료되면 열기 버튼을 누른다.

[그림1] 플레이스토어에서 챗GPT 어플 설치

'Continue with Google'(구글로 로그인)을 선택한다. 본인이 사용하는 구글 계정을 선택하고, 'Continue' 버튼을 누르면 채팅창이 나온다.

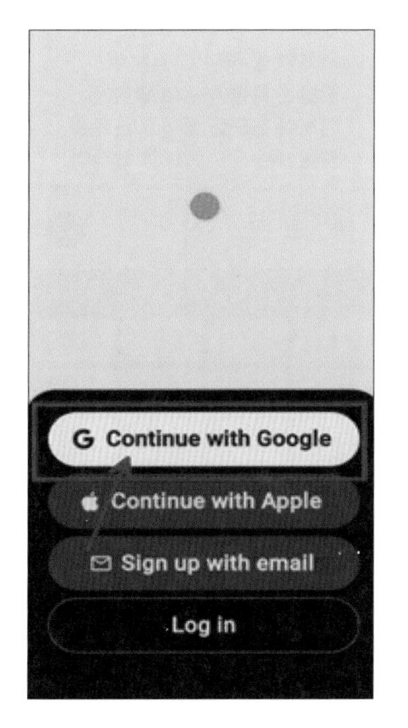

[그림2] 챗GPT 구글로 로그인

2) 음성으로 대화하기

음성으로 말하고 음성으로 답을 들으려면 헤드셋 버튼을 누른다. 'Listening'이라고 나올 때 음성으로 질문(프롬프트)을 한다. 그러면 음성으로 대답한다. 하단 'X' 버튼을 누르면 다시 대화창이 보인다. 대화는 텍스트로 저장된다. 대화형 AI와 37개 국어로 대화할 수 있다.

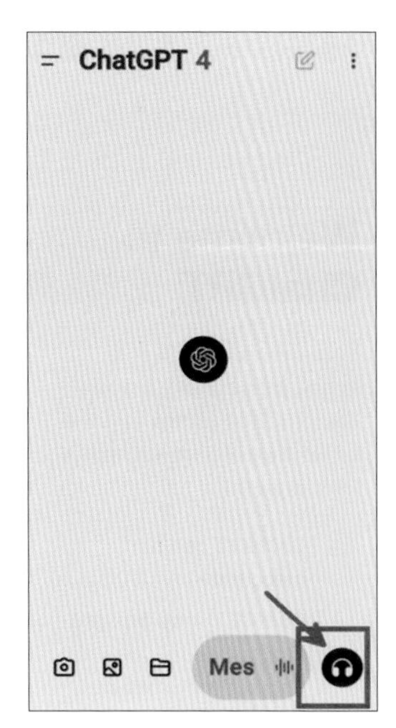

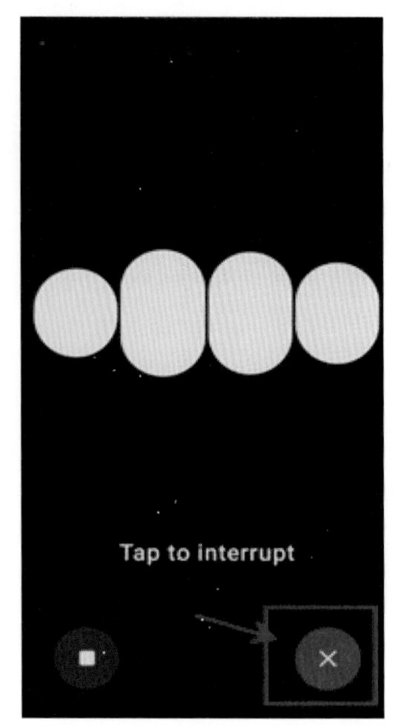

[그림3] 챗GPT 음성녹음 후 텍스트 전환 화면

3) 외국어 통역, 번역하기

프롬프트 : 나는 내일 한국으로 돌아갑니다를 일본어로 말해주세요.
중국에서 유행하는 곳을 추천해 주세요를 중국어로 말해주세요.
나는 당신이 고맙습니다를 스위스어로 말해주세요.

영어 문장이 맞는지 물어보는 것도 가능하다.

“학교에 가고 있어. 영어로 맞는지 봐줘. I'm going to school”이라고 말하면 챗GPT가 답을 해준다. 영어 공부나 통역 음성으로 할 수 있다. 음성으로 대화 후에는 텍스트로 남아 있어서 영어 공부에 도움이 될 수 있다. 챗GPT(스마트폰 어플) 외국어 활용에 도움이 된다.

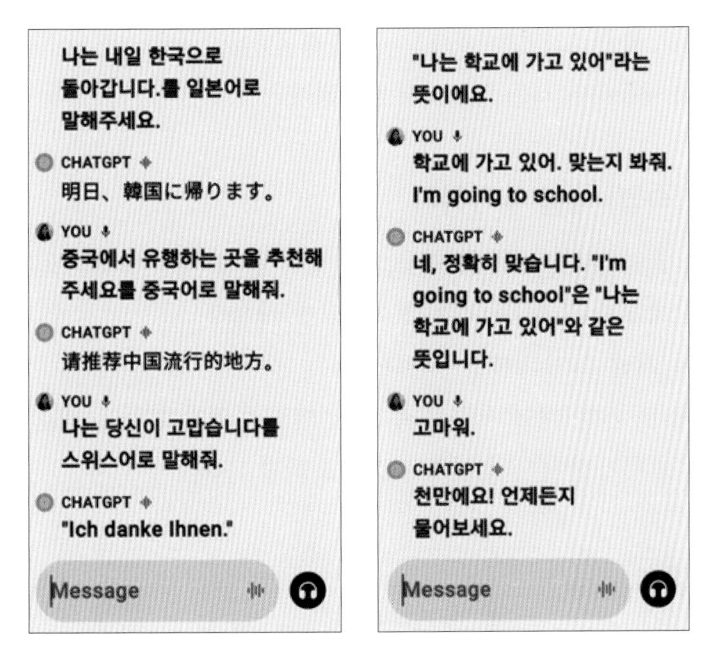

[그림4] 외국어로 말해주기 음성질문

2. 스마트폰으로 만나는 카톡 AI 챗봇, AskUp!

AskUp 활용법 : 스마트폰 카카오톡에서 무엇이든 물어보고 이야기를 나눠 보자.
"~그려줘" 하면 무엇이든 근사한 그림을 그려 준다.
"~언어로 번역해 줘" 하면 번역을 해준다.

사진을 올리면 분석해서 글자를 읽고, 번역하고, 음식 정보를 알려준다.
"?검색어"와 같은 형태로 질문하면 구글 검색 결과를 알려준다.

URL을 입력하면 웹 페이지의 내용을 요약해 준다.
"프로필을 만들어줘" 내가 원하는 분위기의 프로필을 만들 수 있다.
"이 음식의 칼로리 계산해 줘"라고 묻고 음식사진을 첨부하면 그 음식의 칼로리를 계산해 준다.
이제는 검색이 아니라 카톡 대화로 AI를 활용해 보자.

챗GPT 3.5 기본 제공(2021년까지의 정보), 챗GPT 4.0을 이용하려면 질문 제일 앞에 '?(물음표)'를 입력하고 질문하면 최근 정보까지 제공된다.

1) AskUp (아숙업) 채널 추가하기

① 카카오톡을 클릭한다. 카카오톡 친구 화면 상단 돋보기를 누르고 'Askup'이라고 쓰면 하단 친구 란에 'AskUp'이 뜬다. 이때 이것을 클릭한다.

② 상단 우측에 '채널 추가' 버튼을 누른다.

③ 상단 우측에 첫 번째 '대화' 버튼을 누른다. 별도 회원가입 없이 채널 추가된다. '챗봇에게 메시지 보내기'란에 내가 원하는 질문을 하면 된다.

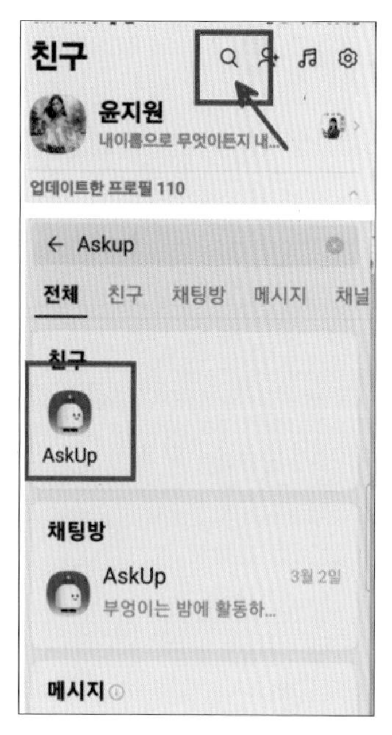

[그림5] 카카오톡 AskUp 채널 추가 방법

2) AskUp 활용 프롬프트 입력하기

(1) 활용 Point

한 가지 주제로 질문과 답변을 계속할 수 있다. 주제를 바꾸려고 하면 '새로운 대화 시작' 버튼을 누르고 대화하면 된다. 일반지식, 문제해결, 음식레시피, 책. 영화 요약, 각종 편지, 번역 기능, 레포트/보고서 작성, 이미지 글자 읽기 · 요약, 고민 상담, 창의력 질문 등을 하면서 업무향상에 도움이 될 수 있다.

활용 예제 ① 무엇이든 물어보겠습니다. 질문 : 인공지능 AI 가 뭐야?

활용 예제 ② 검색에 관해서 물어봅니다. 질문 : ?스위스 맛집

활용 예제 ③ 기사 URL 주소를 입력하면 기사를 요약해 준다. 질문 : URL 주소

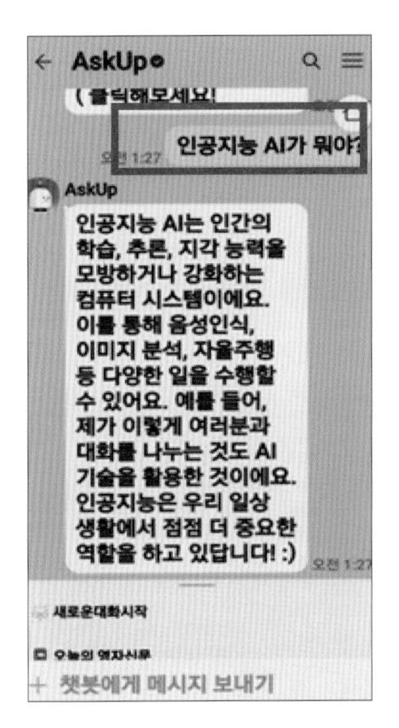

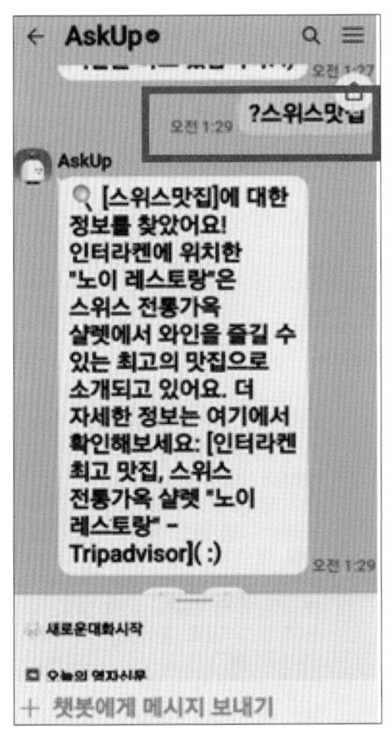

[그림6] 카카오톡 AskUp 질문하기

활용 예제 ④ 무엇이든 그려 줍니다. 질문 : 오렌지 그려줘

활용 예제 ⑤ 사진을 화사하게 바꾸어 줘요. : +버튼 → 갤러리 → 사진 클릭

[그림7] 카카오톡 AskUp 그림을 그려 줘 질문하기

활용 예제 ⑥ 책의 내용을 텍스트로 전환해 준다. : 텍스트가 있는 사진을 추가한다.

활용 예제 ⑦ 이미지 내용 요약과 번역을 해준다. : 질문) 이미지 내용을 영어로 번역해 줘.

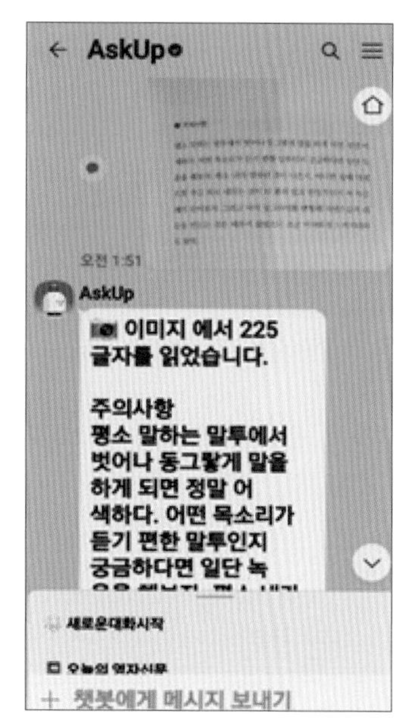

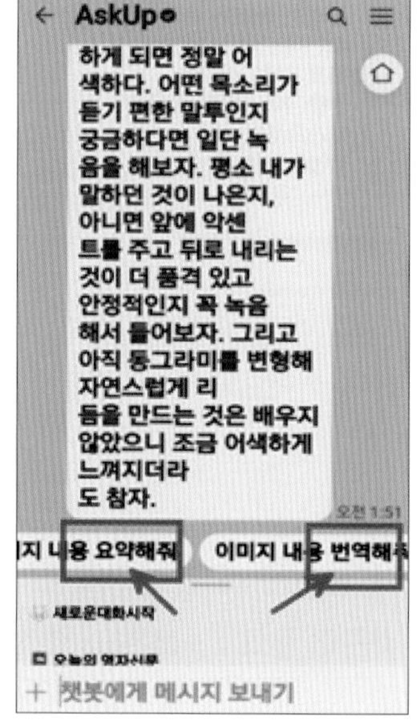

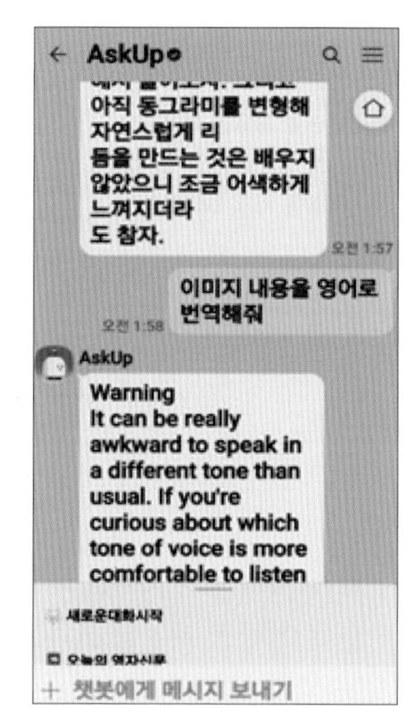

[그림8] 사진에 있는 글 텍스트 전환과 번역

활용 예제 ⑧ 음식 정보를 제공해 준다. 음식사진을 첨부해 보세요. : 칼로리, 기록, 맛, 음식 추천, 조리법, 식단 조언을 알려준다.

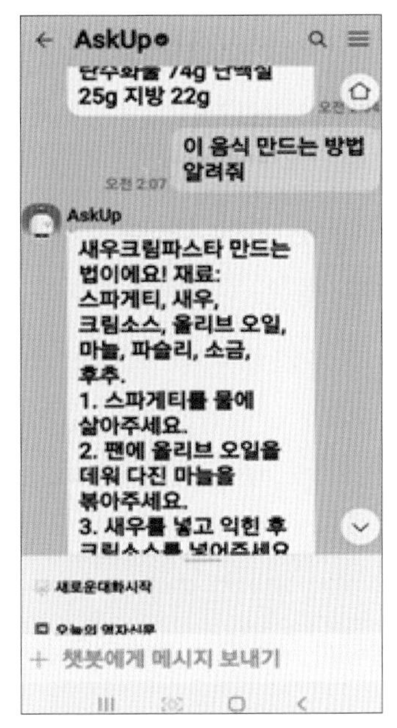

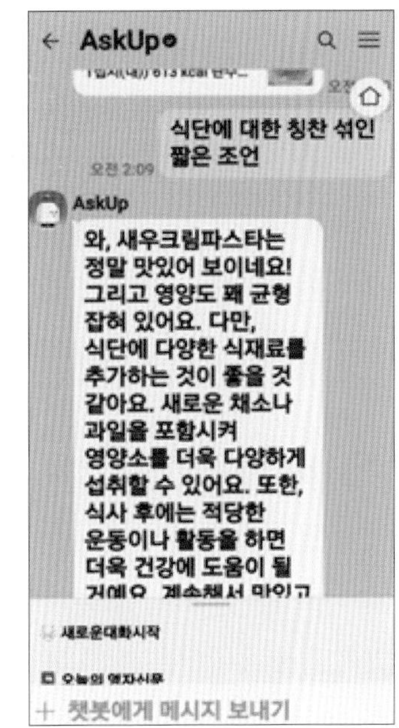

[그림9] 사진 그림 칼로리 계산

(2) 유의 사항

① 인터넷상의 데이타에 기반한 답변이라서 정확하지 않은 틀린 내용이 있을 수도 있다.

② 현재가 아닌 과거의 데이터 기반이어서 최신 뉴스가 반영되지 않는다.

③ 리포트나 논술 등을 작성할 때 답변 내용을 그대로 작성하면, 챗GPT로 작성된 문서를 검사하는 AI 기술로 있어서 참고 정도만 하는 것을 추천한다.

④ 챗GPT에만 의존하기보다 일정 부분의 도움만 받고 제 생각이나 의견으로 결과물을 작성하는 것이 개인의 상상력과 창의력을 길러 갈 수 있으면서 업무향상에도 도움이 될 것이다.

3. A.에이닷(음성비서) 활용법

A.에이닷은 물론 검색 기능이 있다. 특히 A.에이닷의 특화 기능은 '사진 편집' 기능이다. 사진 편집 기능에는 사진 일부분을 지워주기도 하고, 기울어진 사진을 똑바로 해주는 기능이 있다.

인테리어 업무에 활용하면 좋은 사진 편집 기능을 소개한다. 내 사진 프로필을 편집해 AI 사진으로 만들어 준다. '통화 요약기능'은 전화녹음을 하고, 메모가 필요 없이 통화 내용을 요약해 줘서 중요한 거래처와의 통화 시 내용을 요약하고 활용할 수 있다.

다양한 '명령기능'을 활용해 '에이닷! 노래 틀어 주세요. 뉴스 틀어 주세요. 근처 문을 연 약국 알려줘. 로또 당첨 번호 알려줘. 오늘의 금 시세 알려줘' 등 질문 등을 할 수 있다. 그 외 타로 운세 보기, 오늘의 행운 카드 뽑기도 활용해 보자. 음성비서는 구글이나 빅스비도 있지만 A.에이닷은 추가 편집 기능과 보조기능이 스마트폰에 특화돼 있다.

1) A. 에이닷 설치

(1) 검색, 설치 및 로그인

구글 플레이스토어에서 A.에이닷 검색 후 설치 → 열기 → 로그인 → 편한 방법으로 회원 가입한다.

(2) 음성질문 하기

에이닷이 실행됐으면 음성으로 질문하면 된다.

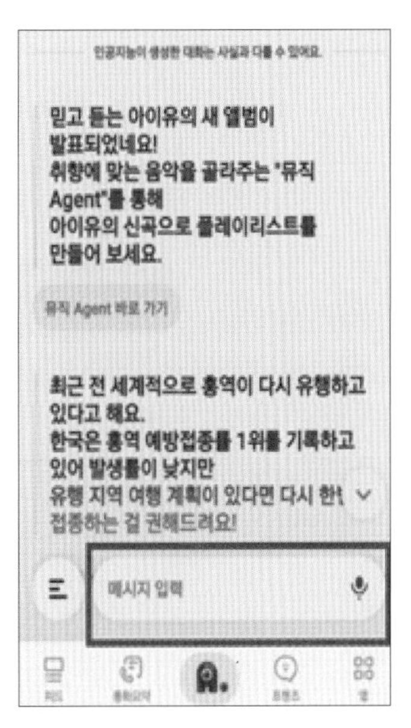

[그림10] 에이닷 A. 설치와 로그인 방법

2) A.에이닷 활용하기

(1) 수평 맞추기

활용 예제 ①

"에이닷! 사진 편집해 주세요"라고 말하면 포토서비스의 편집 기능으로 이동한다. AI 수평을 선택하고 갤러리에 수평 맞출 사진을 클릭한다. AI가 자동으로 수평을 맞춰준다. 이때 V 체크하고 저장한다.

[그림11] 에이닷에서 사진 수평 맞추는 방법

(2) 사진에서 부분 지우기(AI 지우개 기능)

활용 예제 ②

'AI 지우개' 누르고, 갤러리에서 사진선택, 내가 지우고자 하는 그림을 선택한 후 브이 체크 누르면 원하는 부분이 지워진다. 이를 저장한다. 사진에서 가방과 자동차를 지웠다. 틀린 그림 찾기 같이 감쪽같이 지워졌다. 인테리어에 활용할 수 있고, 예전에는 포토샵으로 어렵게 지웠던 것이 이제는 버튼 하나면 지워진다.

[그림12] 에이닷에서 사진 일부 지우기 방법

(3) 아바타로 바꾸기

활용 예제 ③

아바타로 바꾸기 → 'AI 만화필터'를 선택하고, 갤러리에서 AI 아바타로 바꿀 사진을 선택한다. 얼굴 부분에 있는 점선을 누르면 AI 만화로 변경된다. 브이 체크하고 저장한다.

[그림13] 에이닷에서 AI 만화 필터로 변경하기

(4) 프로필 만들기

활용 예제 ④

프로필 만들기 위해 'AI 프로필'을 선택하고, 갤러리에서 내 사진을 선택하면 8시간마다 1회 생성이 된다. AI 프로필로 프로필 작성 시 PPT에 사용해 보자.

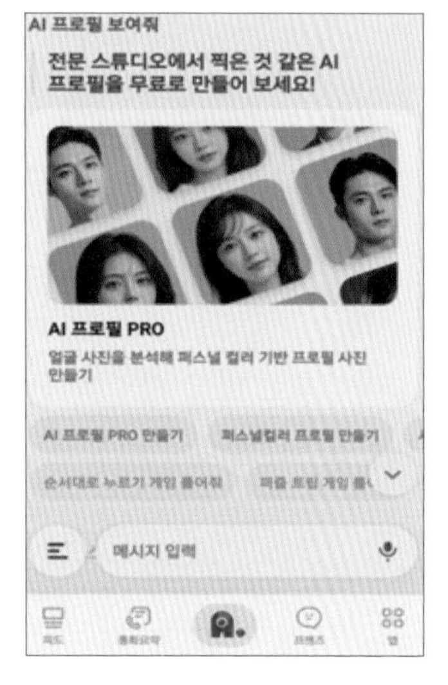

[그림14] AI 프로필 만들기

(5) 타로

활용 예제 ⑤

업무가 힘들 때 머리도 식힐 겸 재미로 '타로'를 누른다. 월별 운세를 클릭하고 카드를 한 장 터치한다. 해당 달의 타로 운세가 나온다. 한해 월별로 타로 운세를 볼 수 있다. 좋지 않은 카드가 나온다고 해도 긍정적인 말로 힘을 주니 한번 해보는 것을 추천한다.

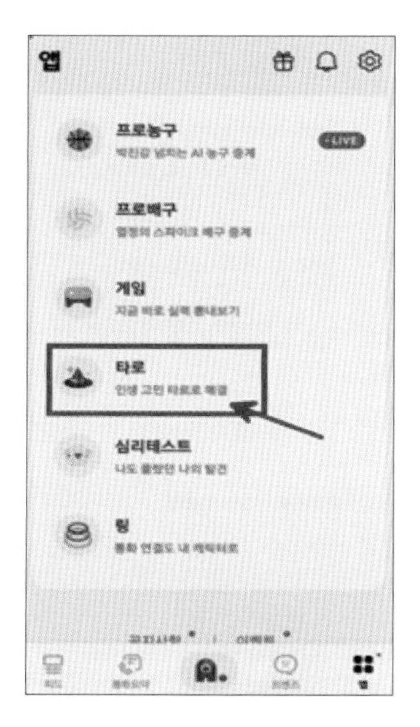

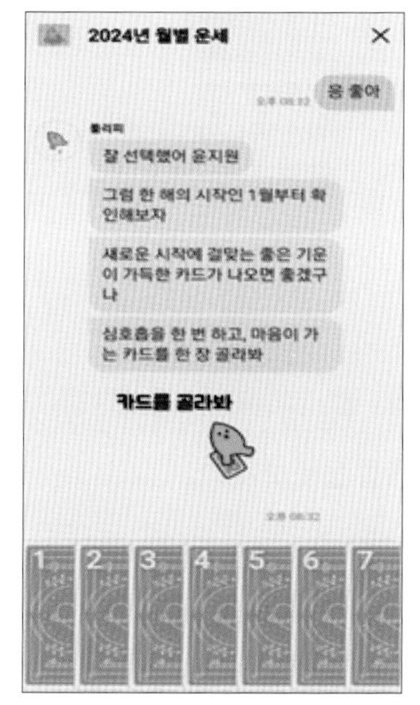

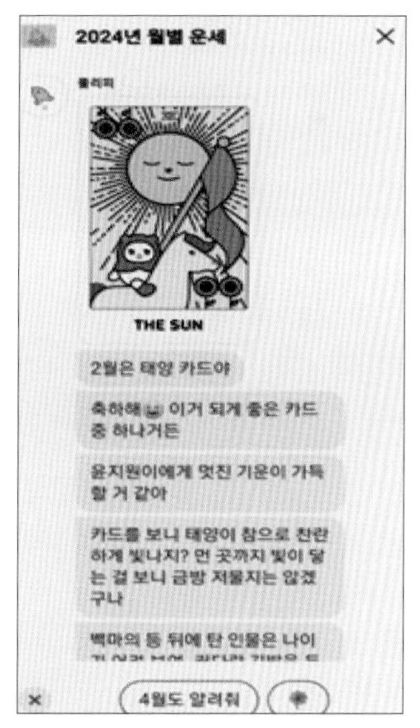

[그림15] 타로 월별 운세 보기

이달의 종합 운도 봐볼까? 꽤 재미있다. 일하다가 잠깐 타로 보는 것도 추천한다.

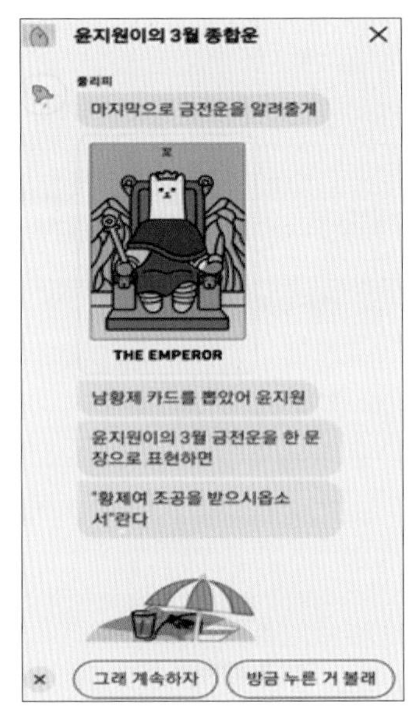

[그림16] 타로 월 종합 운세 보기

Epilogue

인공지능 AI의 개발이 노트북이나 P/C에 한정된 것이 아니라 스마트폰에서도 쉽게 업무에 활용할 수 있다는 것이 대단하다. 이 책을 집필하면서 어떻게 하면 쉽고 재미있게 스마트폰으로 언제 어디서나 활용할 수 있는지에 중점을 두었다.

필자를 포함해서 배우고 돌아서면 잊어버리는 중년들의 특성을 잘 이해한다. 실버 강사를 하는 직업 특성상 AI 활용이 어렵거나 복잡하면 업무 활용이 힘들어진다. 포토샵 전문가들이 했던 사진 배경 일부 지우기를 이제 스마트폰 카카오톡에서 터치 몇 번이면 된다. 내 얼굴이 10년은 젊게 보이는 프로필이 뚝딱 생성되고, 영어가 생각나지 않을 때 음성을 말해준다. 이처럼 쉬운 것부터 배워보자.

이 책에 소개된 어플은 꼭 업무 효율화뿐 아니라 개인에게 도움이 많이 될 것이다. 특히 혼자 사는 사람들이나 시니어들에게 음성으로 대화하는 똑똑한 친구가 생긴다. 디지털 강사를 하고 있으면서 복지관에서 강의하면 엄청나게 신기해한다.

시대는 점점 변화해 가고 유아부터 시니어까지 인공지능 AI가 앞으로 어떤 반향을 일으킬지 기대된다. 우선 쉽고 간편한 것부터 차근차근 조금씩 배워가면 새로운 세상이 있다는 것에 흥분되고 자존감이 생길 것이다. 스마트폰, 인공지능 AI 배우는 것에 두려움을 떨쳐버리고 이 책으로 입문해서 젊고 액티브한 생활을 즐기기 바란다.

6

생성형 AI 챗GPT, GPTS 300% 활용 1인 스타트업 도전! 든든한 챗봇 비서 'leo'

최 영

제6장
생성형 AI 챗GPT, GPTS 300% 활용 1인 스타트업 도전! 든든한 챗봇 비서 'leo'

Prologue

우리는 기술의 눈부신 발전을 목격하고 있다. 이 중심에는 인공지능(AI)이 있으며 그 가운데에서도 챗GPT와 GPTs는 우리의 일상과 비즈니스에 혁신을 가져다주고 있다. 이 기술들은 단순한 대화 이상의 가치를 제공한다. 그것들은 우리가 세계와 소통하고, 정보를 분석하며, 결정을 내리는 방식을 재정의하고 있다. 특히 1인 스타트업을 꿈꾸는 마케터들에게 이는 해외 온라인 쇼핑몰에 입점하고자 할 때 길잡이가 될 수 있다.

본서는 챗GPT와 GPTs를 활용해 해외 온라인 쇼핑몰에 도전하는 마케터들을 위한 가이드 북이다. AI의 힘을 빌려 시장의 흐름을 읽고, 성공적인 아이템을 찾아내며, 입점 절차부터 세금 처리에 이르기까지 필요한 모든 정보를 분석하고 이해하는 방법을 안내한다. 이 책은 AI 기술을 통해 데이터를 분석하고, 전략을 세우며, 실질적인 비즈니스 결정을 내리는 과정을 단계별로 설명한다.

챗GPT와 GPTs의 도움으로 당신은 글로벌 시장의 복잡함 속에서도 명확한 길을 찾을 수 있다. 이 가이드북은 마케팅 데이터 분석부터 경쟁사 조사, 트렌드 예측에 이르기까지 AI가 제공하는 데이터를 바탕으로 성공적인 온라인 비즈니스를 구축하는 데 필요한 지식을 제공한다. 더 이상 해외 시장 진출을 위해 거대한 자본이나 복잡한 인프라가 필요하지 않다. AI 기술을 잘 활용하면 한 사람의 창의력과 열정만으로도 세계 무대에 도전할 수 있다.

이 책을 통해 초보자도 해외 온라인 쇼핑몰에 입점하는 과정을 이해하고 AI 기술을 활용해 시장 조사부터 실제 판매에 이르기까지 모든 단계를 효과적으로 관리하는 방법을 배울 수 있다. 또한 AI를 사용해 비즈니스 결정을 내리고 세금 절차를 이해하며 글로벌 시장에서 성공적으로 경쟁하는 데 필요한 전략을 세울 수 있도록 도와줄 것이다.

당신이 1인 스타트업의 꿈을 갖고 있다면 이 가이드북은 그 꿈을 현실로 만드는 데 필수적인 도구가 될 것이다. AI의 힘을 빌려 세계 시장에서의 성공을 향한 여정을 시작해 보자.

1. 이해하기

생성형 AI, 특히 챗GPT는 최근 몇 년간 인공지능 분야에서 중요한 발전을 이루며 많은 주목을 받고 있다. 챗GPT는 '자연어 처리(Natural Language Processing, NLP)' 기술을 기반으로 하며 대규모 데이터셋에서 사전 학습된 생성형 AI 모델이다. 이 기술은 사용자와의 대화를 통해 다양한 질문에 답하거나, 특정 주제에 대한 텍스트를 생성하는 등의 작업을 수행할 수 있다. 챗GPT는 OpenAI에 의해 개발됐으며 다양한 버전이 존재한다. 각 버전은 모델의 성능과 효율성을 개선하기 위해 지속적으로 업데이트되고 있다.

1) 챗GPT의 주요 특징

(1) 언어 이해 및 생성 능력

챗GPT는 복잡한 언어 패턴을 이해하고 자연스러운 언어로 응답을 생성할 수 있는 능력을 갖고 있다. 이를 통해 사용자와 자연스러운 대화가 가능해진다.

(2) 대화형 AI

챗GPT는 사용자의 질문이나 명령에 대한 컨텍스트를 이해하고, 그에 맞는 응답을 생성할 수 있다. 이는 고객 서비스, 교육, 엔터테인먼트 등 다양한 분야에서 활용될 수 있다.

(3) 유연성과 적용성

챗GPT는 다양한 주제와 분야에 걸쳐 정보를 제공할 수 있으며, 특정 작업을 위한 맞춤 설정도 가능하다. 이는 챗GPT를 광범위한 애플리케이션에 통합할 수 있게 한다.

(4) 지속적인 학습과 발전

챗GPT 모델은 지속적으로 데이터를 학습하며 시간이 지남에 따라 그 성능이 개선된다. 이를 통해 더 정확하고 자연스러운 대화가 가능해진다.

2) 챗GPT의 활용 사례

(1) 고객 지원

자동화된 고객 지원 시스템을 통해 사용자의 질문에 실시간으로 응답할 수 있다.

(2) 콘텐츠 생성

블로그 글, 뉴스 기사, 소설 등 다양한 형태의 콘텐츠를 자동으로 생성할 수 있다.

(3) 교육 및 학습

학습 자료 생성, 언어 학습 도우미, 시험 준비 등 교육적 목적으로 활용될 수 있다.

(4) 엔터테인먼트

대화형 스토리텔링, 게임 내 대화, 캐릭터 생성 등 엔터테인먼트 산업에서의 활용이 가능하다.

챗GPT는 그 가능성이 거의 무한대에 가까우며 향후 인공지능이 우리 생활의 많은 부분을 어떻게 변화시킬지에 대한 흥미로운 시사점을 제공한다.

2. 생성형 AI ⇒ 챗GPT 3.5 & 4.0

GPT-4와 GPT-3.5의 주요 차이점을 설명하고 표로 정리해 보겠다. GPT-4는 GPT-3.5에 비해 여러 면에서 개선됐다. 주요 개선 사항은 언어 이해 및 생성 능력, 다양한 주제에 대한 대응 능력, 특정 작업에 대한 적응력이다. GPT-4는 더 큰 데이터 세트와 더 발전된 알고리즘을 통해 학습됐기 때문에 더 정확하고 다양한 답변을 제공할 수 있다. 아래 표는 GPT-4와 GPT-3.5의 주요 차이점을 요약한 것이다.

기능	GPT-3.5	GPT-4
학습 데이터 크기	대규모, 하지만 GPT-4보다 작음	GPT-3.5보다 더 큰 데이터 세트로 학습
언어 이해 및 생성 능력	우수하지만 복잡한 문맥 이해에 한계가 있음	더 개선된 문맥 이해와 더 정교한 텍스트 생성 능력
대응 능력	다양한 주제에 대응하지만 때때로 오류 발생 가능	더 정확하고 다양한 주제에 대한 대응 능력 향상
특정 작업 적응력	좋음, 하지만 제한적	특정 작업에 대한 적응력과 성능이 대폭 향상
다양성 및 창의성	높음, 하지만 GPT-4에 비해 제한적	더 높은 창의성 및 다양한 해석 제공 가능
안정성 및 일관성	일관적이지만 예측 불가능한 답변 가능	더 안정적이고 일관된 답변 제공

[그림1] GPT-4와 GPT-3.5의 주요 차이점

3. Open Ai 챗GPT 홈페이지(무료 가입)

https://openai.com/blog/chatgpt

1) 시작하기

우측 상단 빨간 네모 창 'Try ChatGPT'를 클릭한다.

[그림2] 시작하기

2) 메일 로그인

이메일로 로그인 한다.

3) 프롬프트 입력하기

하단 네모 창에 프롬프트를 입력한다.(질문 내용입력 창)

– GPT 3.5 무료 / GPT 4.0 유료 결제

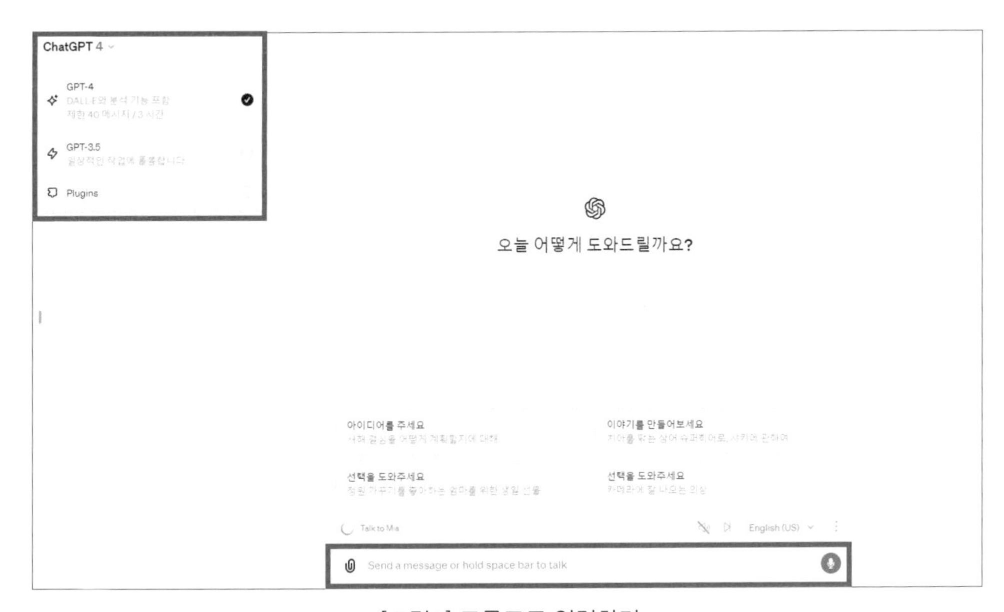

[그림3] 프롬프트 입력하기

4) 챗GPT 3.5 프폼프트 입력 후 예시

- 빨간 창은 프롬프트 명령 내용이다.
- 마케팅을 잘하는 스타트업 창업자를 위한 챗봇이다.(저자가 만든 챗봇)

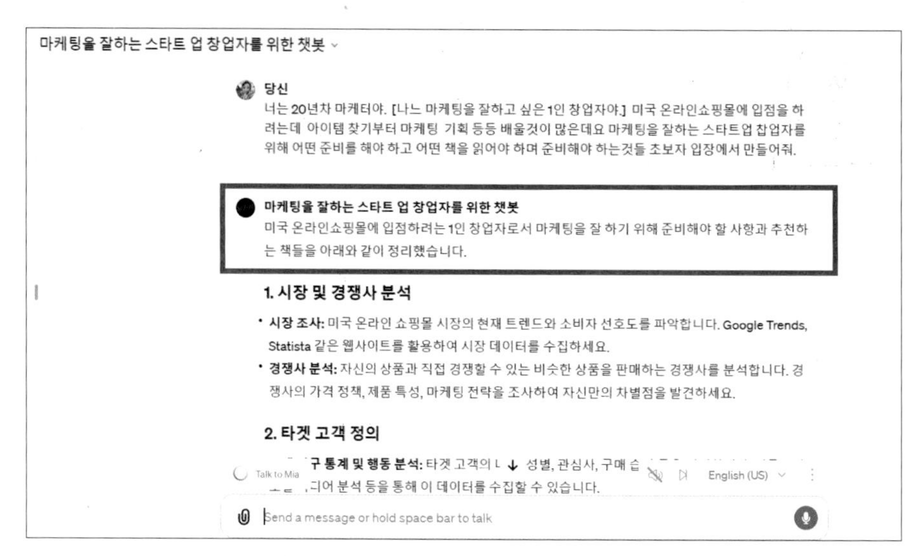

[그림4] 스타트업 창업자를 위한 챗봇

5) 추천 도서 제안

추천 도서까지 제안해 준다.

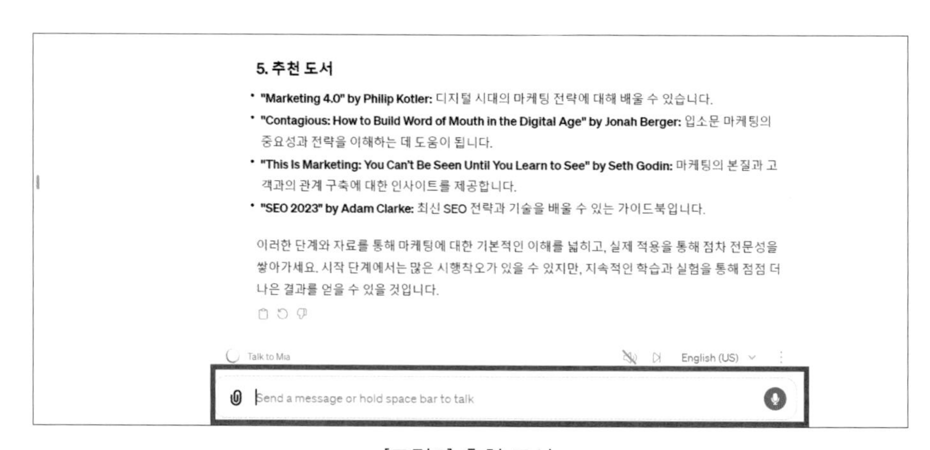

[그림5] 추천 도서

6) 프롬프트 추가 입력

(1) 마케터 위한 아이템 찾기 재요청

각 사례들을 스타트업 준비하는 마케터를 위한 아이템 찾기를 바탕으로 내용 다시 작성해 줘.

당신
각 사례들을 스타트업 아이템 찾기 내용으로 다시 작성해줘

[그림6] 재요청 프롬프트

(2) GPT 3.5/4.0/플러그인 활용 스타트업 아이디어 도출

플러그인은 3월 19일 이후 사라질 예정임을 참고하라.

GPT-3.5 기반 스타트업 아이디어

고객 서비스 자동화 챗봇: 전자상거래 분야에서 스타트업을 운영하고 있다면, GPT-3.5를 기반으로 하는 고객 서비스 자동화 챗봇을 개발할 수 있습니다. 이 챗봇은 고객의 질문을 이해하고, 주문 상태 확인, 제품 상세 정보 제공, 기본적인 문제 해결 등을 자동으로 처리할 수 있습니다. 이를 통해 고객 만족도를 높이고, 운영 효율성을 개선할 수 있습니다.

GPT-4 기반 스타트업 아이디어

AI 법률 컨설팅 서비스: 법률 서비스 시장에 진입하고자 하는 스타트업은 GPT-4를 활용하여 사용자의 복잡한 법률 질문에 대답하는 AI 기반의 법률 컨설팅 플랫폼을 개발할 수 있습니다. GPT-4의 고급 언어 처리 능력을 활용하면, 다양한 법률 분야에 대한 심층적이고 정확한 조언을 제공할 수 있으며, 사용자에게 전문가 수준의 상담 경험을 제공할 수 있습니다.

플러그인 활용 스타트업 아이디어

실시간 날씨 정보 제공 서비스: 날씨 관련 서비스를 찾고 있는 스타트업은 GPT 모델에 날씨 정보 API 플러그인을 통합하여 실시간 날씨 정보를 제공하는 챗봇을 개발할 수 있습니다. 사용자가 특정 지역의 날씨에 대해 질문하면, 챗봇은 플러그인을 통해 최신 날씨 데이터를 조회하고, 해당 정보를 기반으로 사용자에게 현재 날씨 상황, 기온, 강수 확률 등을 알려줍니다. 이 아이디어는 특히 여행 계획이나 야외 활동을 좋아하는 사용자에게 매력적일 수 있습니다.

[그림7] 플러그인 활용

4. GPTS 들

GPT 모델들과 플러그인은 인공지능 분야에서 각각 다양한 역할을 수행하며 특히 자연어 처리와 생성, 정보 검색, 대화 시스템 등에 광범위하게 활용된다. 이러한 기술들은 사용자의 질문에 답변하는 것부터 문서 생성, 코드 작성, 그림 그리기 등 다양한 작업을 수행할 수 있다. 아래에서 GPTs(Generative Pre-trained Transformers)와 플러그인의 역할에 대해 설명하고자 한다.

1) GPTs 유료만 가능(GPT들)

그림과 같은 다양한 기능의 GPT 들이 있다.

[그림8] GPT들

2) GPTs 역할

(1) 자연어 이해 및 생성

GPT 모델들은 텍스트 데이터를 기반으로 학습돼, 자연어를 이해하고 새로운 텍스트를 생성할 수 있다. 이는 번역, 요약, 질문 응답 등 다양한 언어 관련 작업에 활용된다.

(2) 대화형 AI

대화 시스템 또는 챗봇에서 GPT 모델들은 사용자의 질문이나 명령에 대해 자연스러운 대화를 생성하며 응답할 수 있다.

(3) 지식 기반 질의 응답

GPT 모델들은 다양한 주제에 대한 지식을 내재하고 있어, 특정 질문에 대한 정보를 제공할 수 있다.

(4) 콘텐츠 생성

기사, 블로그 포스트, 소설 등 다양한 형태의 텍스트 콘텐츠를 생성할 수 있다.

(5) 코드 생성 및 수정

프로그래밍 언어에 대한 이해를 바탕으로 코드 작성, 디버깅, 코드 리뷰 등을 도와줄 수 있다.

3) 플러그인의 역할

플러그인은 GPT와 같은 AI 모델의 기능을 확장하는 데 사용된다. 다양한 외부 서비스나 데이터 소스에 접근해 AI 모델의 기능을 향상시키거나 새로운 기능을 추가할 수 있다.

(1) 데이터 접근

플러그인을 통해 실시간 데이터나 특정 API에서 제공하는 정보를 직접 조회하고 활용할 수 있다. 예를 들어, 날씨 정보, 주식 시세 등을 실시간으로 제공받을 수 있다.

(2) 기능 확장

특정 작업을 위한 도구나 서비스를 AI 모델에 통합할 수 있다. 예를 들어, 이미지 생성, 번역, 지도 서비스 등을 AI 대화 내에서 직접 사용할 수 있게 된다.

(3) 사용자 정의 경험

플러그인을 통해 특정 사용자나 시나리오에 맞춤화된 기능을 제공할 수 있다. 사용자의 선호나 필요에 맞는 맞춤 정보 제공이 가능해집니다.

(4) 인터랙티브한 경험

사용자와의 상호작용을 통해 정보를 수집하고 그에 따라 동적으로 응답을 변화시키는 과정에서 플러그인이 중요한 역할을 한다.

기능	GPTs의 역할	플러그인의 역할
자연어 처리	자연어 이해 및 생성, 번역, 요약 등 다양한 언어 관련 작업을 수행	AI 모델의 언어 처리 능력을 특정 언어나 도메인에 맞게 최적화
대화형 AI	사용자와의 자연스러운 대화 생성, 대화 시스템 또는 챗봇으로 활용	대화 중 외부 데이터를 조회하거나, 특정 기능을 실행하기 위해 사용
콘텐츠 생성	텍스트 기반 콘텐츠(기사, 블로그, 소설 등) 생성	이미지, 음악, 비디오 등 다른 형태의 콘텐츠 생성을 위한 도구 제공
지식 기반 질의 응답	내재된 지식을 바탕으로 질문에 답변	실시간 데이터나 특정 지식 베이스에서 정보를 가져와 질문에 답변
코드 생성 및 수정	프로그래밍 언어 이해를 바탕으로 코드 작성, 수정, 리뷰	개발 환경에 특화된 도구나 서비스와 통합하여 개발 작업 지원
사용자 정의 경험	사용자 입력에 기반한 맞춤형 응답 생성	사용자의 선호나 이전 상호작용을 기반으로 한 맞춤 서비스 제공
인터랙티브한 경험	단순히 텍스트를 생성하는 것을 넘어 사용자와 상호작용	외부 서비스(예: 지도, 예약 시스템)와의 동적인 상호작용을 가능하게 함

[그림9] GPTs와 플러그인 기능 비교

5. GPT-3.5, GPT-4, 플러그인 사례 통한 특징과 활용 방법

1) GPT-3.5 사례(고객 서비스 챗봇)

한 전자상거래 회사는 고객 서비스 개선을 위해 GPT-3.5 기반의 챗봇을 도입했다. 이 챗봇은 고객의 질문을 이해하고, 주문 추적, 제품 정보 제공, 간단한 문제해결 등에 대한 자동화된 답변을 제공할 수 있다. GPT-3.5의 자연어 이해 능력 덕분에 챗봇은 다양한 고객 질문에 유연하게 대응할 수 있다.

2) GPT-4 사례(법률 상담 플랫폼)

법률 상담을 제공하는 스타트업은 GPT-4를 활용해 사용자로부터 받은 복잡한 법률 질문에 대해 자세하고 정확한 답변을 생성한다. GPT-4의 향상된 언어 이해 및 생성 능력 덕분에 이 플랫폼은 다양한 법률 분야에 걸쳐 심층적인 조언을 제공할 수 있으며 사용자에게 마치 전문가와 상담하는 것과 유사한 경험을 제공한다.

3) 플러그인 사례(실시간 날씨 정보 제공 챗봇)

날씨 정보를 제공하는 챗봇은 플러그인을 통해 실시간 날씨 API에 접근한다. 사용자가 특정 지역의 날씨를 질문하면 챗봇은 플러그인을 사용해 실시간 데이터를 조회하고, 그 정보를 바탕으로 사용자에게 현재 날씨, 기온, 강수 확률 등을 제공한다. 이 경우 GPT 모델은 사용자 질문의 의도를 파악하고 적절한 응답을 구성하는 데 사용되며 플러그인은 구체적인 데이터를 제공하는 역할을 한다.

이 예시들은 GPT-3.5가 주로 정해진 정보 내에서 답변을 생성하는 반면, GPT-4는 더 광범위하고 복잡한 문제에 대해 더 정교한 답변을 생성할 수 있음을 보여준다. 플러그인의 경우 GPT 모델이 외부 데이터나 서비스와 상호작용해 사용자에게 더 구체적이고 실시간의 정보를 제공할 수 있게 해줌을 알 수 있다.

4) GPT-3.5 기반 스타트업 아이디어(고객 서비스 자동화 챗봇)

전자상거래 분야에서 스타트업을 운영하고 있다면 GPT-3.5를 기반으로 하는 고객 서비스 자동화 챗봇을 개발할 수 있다. 이 챗봇은 고객의 질문을 이해하고, 주문 상태 확인, 제품 상세 정보 제공, 기본적인 문제 해결 등을 자동으로 처리할 수 있다. 이를 통해 고객 만족도를 높이고 운영 효율성을 개선할 수 있다.

5) GPT-4 기반 스타트업 아이디어(AI 법률 컨설팅 서비스)

법률 서비스 시장에 진입하고자 하는 스타트업은 GPT-4를 활용해 사용자의 복잡한 법률 질문에 대답하는 AI 기반의 법률 컨설팅 플랫폼을 개발할 수 있다. GPT-4의 고급 언어 처리 능력을 활용하면 다양한 법률 분야에 대한 심층적이고 정확한 조언을 제공할 수 있으며 사용자에게 전문가 수준의 상담 경험을 제공할 수 있다.

6) 플러그인 활용 스타트업 아이디어(실시간 날씨 정보 제공 서비스)

날씨 관련 서비스를 찾고 있는 스타트업은 GPT 모델에 날씨 정보 API 플러그인을 통합해 실시간 날씨 정보를 제공하는 챗봇을 개발할 수 있다. 사용자가 특정 지역 날씨에 대해 질문하면 챗봇은 플러그인을 통해 최신 날씨 데이터를 조회하고 해당 정보를 기반으로 사용자에게 현재 날씨 상황, 기온, 강수 확률 등을 알려준다. 이 아이디어는 특히 여행 계획이나 야외 활동을 좋아하는 사용자에게 매력적일 수 있다.

6. GPTs들에서 1인 스타트업 창업자를 위한 아이템 찾기(GPTs)

당신
gpts 에서 스타트업 아이템 찾기 gpts 추천해줘

[그림10] GPTs 추천 프롬프트

1) 개인화된 교육 플랫폼

- 아이디어 설명 : GPT를 활용해 개인 맞춤형 교육 콘텐츠를 제공하는 플랫폼을 개발한다. 사용자의 학습 수준, 관심사, 학습 목표에 맞춰 개인화된 교육 자료, 퀴즈, 요약 등을 생성한다.

- 시장 기회 : 온라인 교육 시장은 지속적으로 성장하고 있으며 개인화된 학습 경험을 제공하는 서비스에 대한 수요가 높다.

2) 자동 콘텐츠 생성 도구

- 아이디어 설명 : 블로그 게시물, 소셜 미디어 콘텐츠, 광고 카피 등 다양한 유형의 콘텐츠를 자동으로 생성할 수 있는 도구를 개발한다. 사용자는 기본 아이디어나 키워드를 입력하고, AI가 나머지 작업을 처리한다.
- 시장 기회 : 콘텐츠 마케팅의 중요성이 커지면서 효율적이고 비용 효과적인 콘텐츠 생성 도구에 대한 수요가 증가하고 있다.

3) AI 기반 글쓰기 보조 도구

- 아이디어 설명 : 작가, 학생, 연구원 등 글쓰기가 필요한 모든 사용자를 대상으로 아이디어 생성, 문법 및 스타일 개선, 요약 생성 등을 지원하는 도구를 개발한다.
- 시장 기회 : 글쓰기는 다양한 분야에서 필수적인 기술이며 효율적인 글쓰기 프로세스를 지원하는 도구에 대한 필요성이 높다.

4) 가상 고객 지원 에이전트

- 아이디어 설명 : GPT 기술을 활용해 고객 지원 챗봇을 개발한다. 이 챗봇은 사용자 질문에 자연스럽게 응답하고 고객 문의 해결, 제품 추천, 사용자 피드백 수집 등을 수행할 수 있다.
- 시장 기회 : 고객 지원 비용을 절감하고 고객 만족도를 높이려는 기업의 수요가 많다.

5) 언어 학습 보조 애플리케이션

- 아이디어 설명 : GPT를 이용해 다양한 언어를 학습할 수 있는 대화형 애플리케이션을 개발한다. 사용자는 AI와 대화하면서 자연스러운 언어 사용 능력을 향상시킬 수 있다.
- 시장 기회 : 글로벌화가 진행됨에 따라 새로운 언어를 배우려는 사람들이 늘어나고 있으며 효과적이고 접근성이 좋은 학습 방법을 찾는 수요가 증가하고 있다.

6) 맞춤형 여행 계획 서비스

- 아이디어 설명 : 사용자의 선호도, 예산, 여행 기간 등을 기반으로 맞춤형 여행 계획을 생성하는 GPT 기반 서비스를 개발한다. 이 서비스는 여행지 추천, 일정 계획, 필수 방문 명소 등을 포함할 수 있다.
- 시장 기회 : 개인화된 여행 경험을 제공함으로써, 전통적인 여행 계획 방식에 비해 사용자 만족도를 높일 수 있으며 여행 관련 비즈니스와의 제휴를 통한 수익 창출이 가능하다.

7) AI 기반 멘탈 헬스케어 플랫폼

- 아이디어 설명 : 사용자의 감정 상태나 스트레스 수준을 이해하고 맞춤형 대화를 통해 정서적 지원을 제공하는 GPT 기반 멘탈 헬스케어 플랫폼을 개발한다. 이 플랫폼은 일기 쓰기, 명상 가이드, 스트레스 관리 기술 등을 포함할 수 있다.
- 시장 기회 : 멘탈 헬스에 대한 인식이 높아지면서 접근성이 높고 비용 효과적인 정신 건강 관리 솔루션에 대한 수요가 증가하고 있다.

8) 인터랙티브 스토리텔링 플랫폼

- 아이디어 설명 : 사용자가 선택하는 결정에 따라 스토리가 변화하는 인터랙티브 스토리텔링 플랫폼을 GPT로 개발한다. 사용자는 다양한 스토리 라인을 탐험하고 자신만의 이야기를 만들어 나갈 수 있다.
- 시장 기회 : 게임, 교육, 엔터테인먼트 분야에서 사용자 참여도를 높이고 새로운 형태의 스토리텔링 경험을 제공함으로써 시장을 개척할 수 있다.

9) 비즈니스 데이터 분석 및 인사이트 생성 도구

- 아이디어 설명 : 기업의 다양한 데이터 소스로부터 비즈니스 인사이트를 자동으로 생성하는 GPT 기반 도구를 개발한다. 시장 동향, 고객 행동 분석, 경쟁사 분석 등을 포함할 수 있다.
- 시장 기회 : 데이터 주도 의사결정이 중요해지면서 데이터를 효과적으로 분석하고 해석할 수 있는 도구에 대한 수요가 증가하고 있다.

이러한 스타트업 아이디어들은 GPT 기술을 활용해 다양한 분야에서 혁신적인 서비스와 제품을 제공할 수 있는 가능성을 보여준다. 각 아이디어는 기술의 고유한 장점을 활용해 사용자 경험을 개선하, 새로운 시장 기회를 창출할 수 있다.

10) 장점

- 자연스러운 대화 : GPTs는 다양한 주제에 대한 지식을 학습해 인간과 유사한 방식으로 대화할 수 있다.
- 유연성 : 다양한 언어와 주제에 대해 대화할 수 있으며 문학 작성, 코드 작성, 정보 검색 등 다양한 작업을 수행할 수 있다.
- 접근성 : 챗GPT는 사용자가 인터넷을 통해 쉽게 접근할 수 있으며 복잡한 질문에 대한 답변이나 창의적인 아이디어 생성을 도와준다.

11) 단점

- 정보의 시의성 : 챗GPT는 특정 시점까지의 데이터를 학습하므로 최신 정보에 대한 지식이 부족할 수 있다.
- 오류 가능성 : AI가 잘못된 정보를 제공하거나 사용자의 의도를 완전히 이해하지 못하는 경우가 발생할 수 있다.
- 윤리적·사회적 문제 : AI가 생성하는 내용이 부적절하거나 편향된 정보를 반영할 수 있으며 이는 사용자에게 혼란을 줄 수 있다.
- 초보자를 위한 요점 : 챗GPT와 GPTs는 강력한 대화형 AI 기술로써 다양한 주제에 대해 인간과 같은 방식으로 의사소통할 수 있다. 이들은 정보 검색, 학습 지원, 창의적 작업 등에 활용될 수 있지만, AI가 제공하는 정보의 정확성과 최신성을 항상 검증해야 하며 AI의 사용이 사회적·윤리적 가치에 부합하는지 주의 깊게 고려해야 한다.

7. 1인 스타트업 창업자를 위한 챗봇 비서 고용하기

1) 나의 GPTs 찾기

왼쪽 메뉴에서 'GPT 탐색하기' 클릭 후 오른쪽 상단 '나의 GPTs'를 클릭해 찾아본다.

[그림11] 나의 GPTs 찾기

2) 마케팅을 잘하는 스타트업 창업자를 위한 챗봇 만들기

우측 상단의 '+GPT 생성'을 클릭한다.

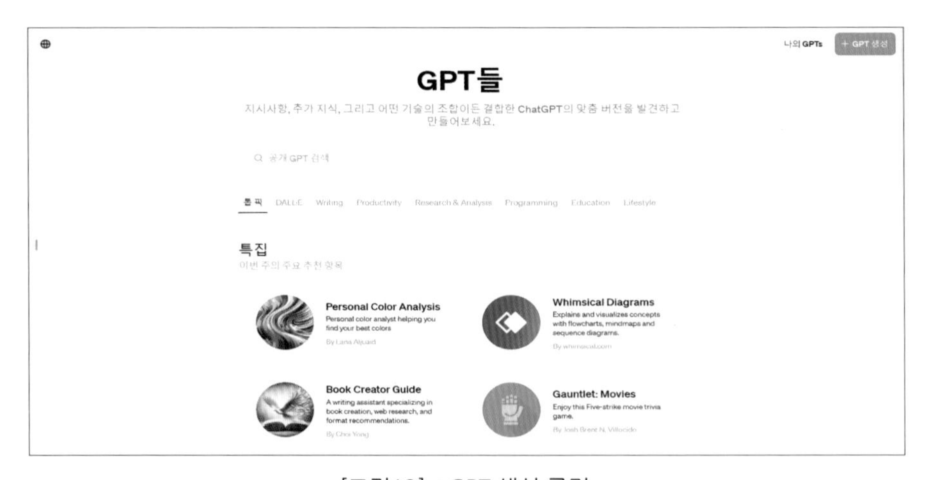

[그림12] +GPT 생성 클릭

8. 저자가 만든 챗봇 만들기 여러 사례 참고

1) 마케팅을 잘하는 스타트업 창업자를 위한 챗봇

[그림13]은 마케팅을 잘하는 스타트업 창업자를 위한 챗봇이다.

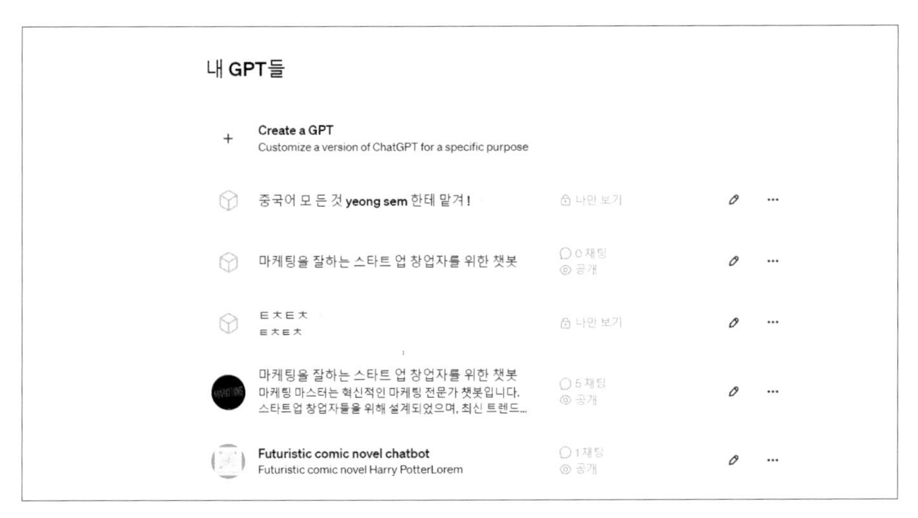

[그림13] 마케팅을 잘하는 스타트업 창업자 위한

2) 챗봇 이름

프롬프트 입력 : 마케팅을 잘하는 스타트업 창업자를 위한 비서 챗봇이라고 입력한다.

3) 설명(300자 이내)

마케팅 마스터는 혁신적인 마케팅 전문가 챗봇이다. 스타트업 창업자들을 위해 설계됐으며 최신 트렌드부터 전략적인 실행에 이르기까지 종합적인 도구를 제공한다. 사용자는 마케팅 전략의 핵심 요소를 효과적으로 파악하고 시장에서 경쟁력 있는 브랜드로 자리매김할 수 있다. 맞춤형 조언 실시간 업데이트, 대화형 인터페이스, 마케팅 트렌드, 분석경쟁사 조사, 타깃 고객 분석, 콘텐츠 마케팅 아이디어 제공, 소셜 미디어 최적화 전략, SEO 및 SEM 전략, 검색 엔진 최적화와 검색 엔진 마케팅 전략을 구성·실행하는 데 도움을 준다.

4) 지침

이 챗봇은 마케팅을 잘하는 스타트업 창업자를 위해 설계됐다. 사용자가 효과적인 마케팅 전략을 수립하고 실행할 수 있도록 지원하는 도구로 최신 마케팅 트렌드 분석, 경쟁사 조사, 타깃 고객 분석, 콘텐츠 마케팅 아이디어 제공, 소셜 미디어 최적화 전략, SEO 및 SEM 전략 등을 포괄한다. 이 챗봇은 스타트업 창업자가 시장에서 자신의 브랜드를 성공적으로 위치시키고 목표 고객층에게 효과적으로 다가갈 수 있도록 설계된 마케팅 전문가이다.

5) 대화를 시작하는 예시

- 시작하기 : 챗봇에게 자신의 스타트업에 대해 간단히 소개하라. 제품이나 서비스, 타깃 시장, 현재 직면한 마케팅 문제 등을 포함할 수 있다.
- 마케팅 전략 수립 : 챗봇이 제공하는 질문에 답하면서 귀하의 비즈니스에 맞는 맞춤형 마케팅 전략을 수립하라. 이 과정에는 타겟 고객층의 특성, 예산 설정, 예상 ROI 등이 포함된다.
- 콘텐츠 마케팅 : 챗봇에게 콘텐츠 마케팅 아이디어를 요청하라. 블로그 포스팅, 인포그래픽, 비디오 콘텐츠 등 다양한 형태의 콘텐츠 마케팅 전략을 탐색할 수 있다.
- 소셜 미디어 최적화 : 가장 효과적인 소셜 미디어 채널을 선택하고, 콘텐츠 공유 및 광고 전략에 대한 조언을 받으라.
- SEO 및 SEM 전략 : 검색 엔진 최적화(SEO) 및 검색 엔진 마케팅(SEM)에 대한 전략을 개발해 온라인 가시성을 향상시켜라.
- 성과 분석 : 마케팅 캠페인의 성과를 분석하고 개선 사항에 대한 피드백을 받으라. 챗봇은 웹사이트 트래픽, 전환율, 소셜 미디어 참여도 등 다양한 지표를 분석할 수 있다. 이 챗봇을 사용해 마케팅 전략을 수립하고 실행하는 과정에서 창업자는 시장의 변화에 빠르게 적응하고 경쟁력을 유지하며 비즈니스 성장을 가속화할 수 있다.

6) 파일 업로드

추가하고 싶은 정보 파일 업로드 가능하다.

7) 기능

3개 기능 중에 원하는 기능을 선택하면 기능에 따라 검색해준다. 웹 브라우징/DALL·E/이미지 생성

9. 챗봇 만들기

1) 새로운 GPT 창 화면 내용

[그림14]는 구성 클릭 후 새로운 GPT창 화면 내용이다.

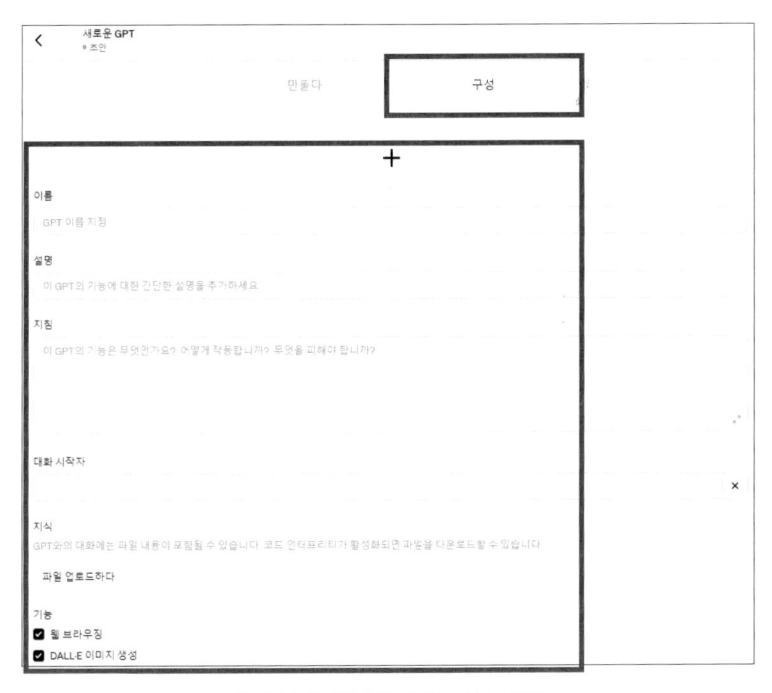

[그림14] 새로운 GPT 구성 내용

2) 구성 입력 완료 후 저장 누르기

- 나만 보기 : 저장 후 공개되지 않고 나만 보게 됨
- 링크가 있는 사람만 : 저장 후 링크가 있는 사용자한테만 공개

- 공개 : 모든 사용자한테 공개(공개 여부는 언제든지 수정 가능, 뒷장에 다시 그림으로 설명하고자 한다.)

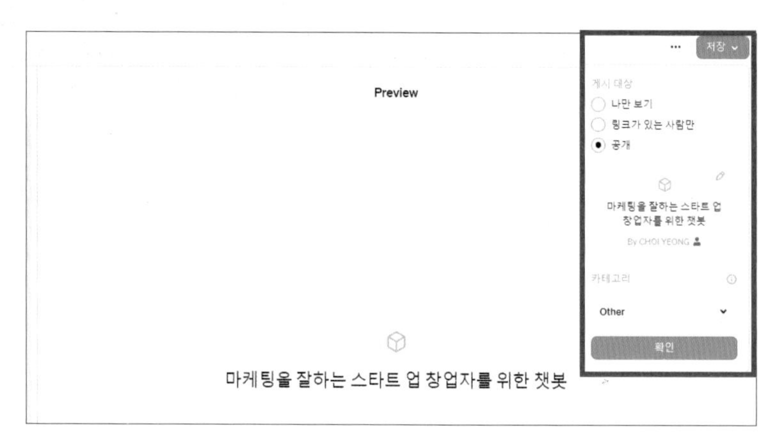

[그림15] 저장 선택하기

10. 완성된 챗봇 찾기

완성된 챗봇은 왼쪽 하단 '나의 GPTs'를 클릭하면 된다.

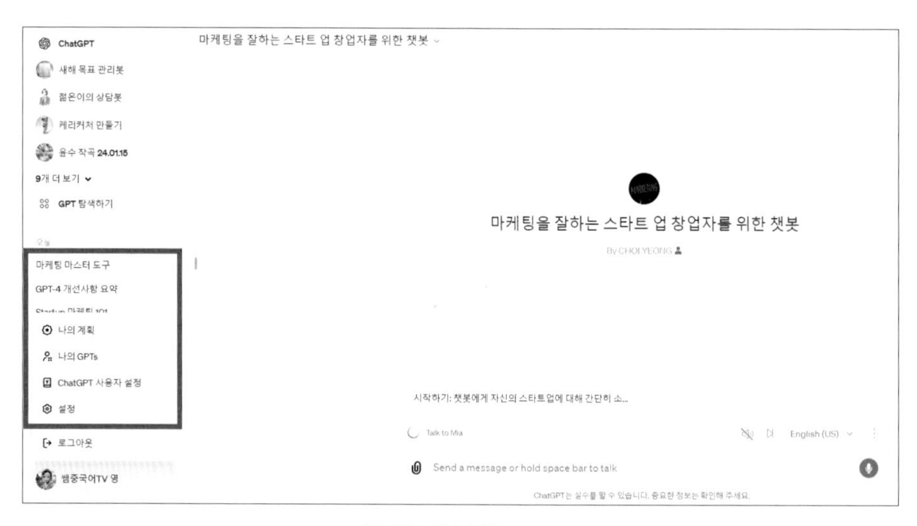

[그림16] 나의 GPTs

필자는 GPTs에서 챗봇 여러 개를 만들었기에 화면에는 챗봇 여러 개가 보이지만 여러분은 챗봇을 하나 만들면 GPTs에 하나만 뜬다.

– 추가 팁 : 이 화면에서 새 챗봇 만들기는 '+CREATE GPT'를 클릭한다.

[그림17] +CREATE GPT 클릭하기

11. 챗봇 완성 후 편집 가능

1) 빨간 창 '연필 모양' 편집 눌러 편집하기

[그림18] 편집하기

2) 편집 후 오른쪽 상단 '변경 사항 게시' 클릭

연필 모양을 눌러 내용을 편집했다면 변경 내용을 저장한다.

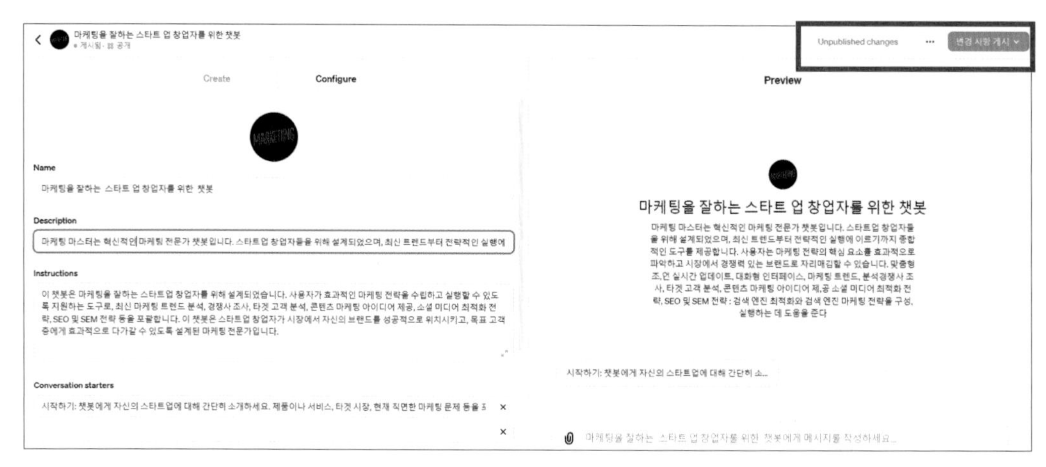

[그림19] 변경 내용 게시 저장하기

12. 나만의 챗봇 로고 이미지 만들기

1) 만들기

구성 옆 '만들다'를 클릭한다.

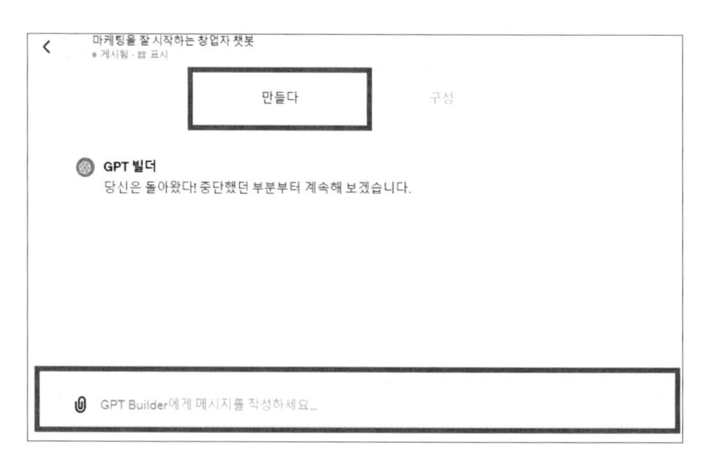

[그림20] 만들다 선택하기

2) 챗봇 로고 만들기

– 프롬프트 입력 예시 : 검은색 바탕에, MARKETING이라는 글씨를 중간에 넣어주고, 글씨는 빨간색으로 눈에 띄게 만들어 주세요.

[그림21] 프롬프트 결과 마케팅 로고

13. 1인 스타트업 준비를 위한 START

〈프롬프트 입력하기〉

너는 20년 차 마케터야. [나는 마케팅을 잘하고 싶은 1인 창업자야.] 미국 온라인 쇼핑몰에 입점 하려는데 아이템 찾기부터 마케팅 기획 등등 배울 것이 많아요. 마케팅을 잘하는 스타트업 창업자를 위해 어떤 준비를 해야 하고, 어떤 책을 읽어야 하며, 준비해야 하는 것들을 초보자 입장에서 만들어 주세요.

〈결과〉

미국 온라인 쇼핑몰에 입점하려는 1인 창업자로서 마케팅을 성공적으로 수행하기 위해서는 여러 단계의 준비와 계획이 필요합니다. 아래에서는 초보자가 따라야 할 준비 단계와 추천 도서 목록을 제공하겠습니다.

1. 시장 조사 및 타겟 고객 분석

시장 조사 : 먼저 미국 온라인 쇼핑몰 시장의 현재 상황, 트렌드, 경쟁사 분석을 통해 시장의 요구사항과 기회를 파악해야 합니다.

타겟 고객 분석 : 이상적인 고객이 누구인지, 그들의 필요와 행동 패턴을 이해하는 것이 중요합니다. 이를 통해 마케팅 메시지와 전략을 맞춤화할 수 있습니다.

2. 제품/서비스 포지셔닝
제품이나 서비스가 시장 내에서 어떤 위치를 차지할지 결정합니다. 이는 타겟 고객의 필요와 시장의 빈틈을 기반으로 해야 합니다.

3. 브랜딩 및 메시지 전략 수립
강력한 브랜드 아이덴티티와 일관된 메시지 전략을 개발해, 고객이 브랜드를 쉽게 인식하고 기억할 수 있도록 합니다.

4. 온라인 마케팅 전략
SEO 및 콘텐츠 마케팅: 검색 엔진 최적화(SEO)와 가치 있는 콘텐츠를 제공해 자연 검색에서 높은 순위를 얻습니다.
소셜 미디어 마케팅: 타겟 고객이 활동하는 소셜 미디어 플랫폼을 이용해 브랜드 인지도를 높이고 고객과 소통합니다.
이메일 마케팅: 타겟 고객에게 맞춤형 메시지를 보내어 제품이나 서비스에 대한 관심을 유도합니다.

5. 분석 및 개선
마케팅 캠페인의 성과를 지속적으로 모니터링하고 분석해, 전략을 개선하고 ROI를 최적화합니다.

6. 추천 도서
"Marketing 4.0: Moving from Traditional to Digital" by Philip Kotler - 디지털 마케팅의 기본을 배울 수 있는 책입니다.
"Building A StoryBrand: Clarify Your Message So Customers Will Listen" by Donald Miller - 효과적인 브랜드 메시지 구축 방법을 제공합니다.
"Contagious: How to Build Word of Mouth in the Digital Age" by Jonah Berger - 제품이나 아이디어가 왜 화제가 되는지에 대한 통찰을 제공합니다.
"SEO 2023: Learn Search Engine Optimization with Smart Internet Marketing Strategies" by Adam Clarke - 최신 SEO 전략에 대해 배울 수 있습니다.
이 과정들을 거치면서 학습하고 실행하는 것이 중요하며, 시장과 고객의 변화에 민감하게 반응해 전략을 지속적으로 조정해야 합니다.

14. 시장 조사와 아이템 선정

1) 시장 트렌드 분석하기

〈프롬프트 입력하기〉

시장 트렌드를 분석하는 것은 제품 아이디어를 형성하고 시장의 수요를 예측하는 데 필수적입니다. 구글 트렌드, 소셜 미디어 분석 도구, 업계 보고서 등을 활용해 관심 있는 분야의 최신 트렌드를 파악해야 합니다. 예를 들어, 환경친화적인 제품이나 원격 근무를 위한 제품이 최근 몇 년간 인기를 얻고 있는 추세입니다. 이러한 도구들은 시장의 방향성을 이해하고, 자신의 비즈니스 아이디어가 시장에 어떻게 부합하는지 평가하는 데 도움을 줍니다.

〈결과〉

1. 트렌드의 성장률
해당 트렌드가 시간에 따라 어떻게 성장하고 있는지, 구글 트렌드의 시간별 검색량 변화나 소셜 미디어에서의 언급량 증가를 통해 파악합니다.

2. 지역별 인기도
특정 지역에서 이 트렌드가 더욱 인기 있는지, 지역별 구글 검색량이나 소셜 미디어 활동을 분석해 확인합니다.

3. 타겟 고객층
이 트렌드에 가장 관심을 보이는 고객층은 누구인지, 연령대, 성별, 직업군 등의 데이터를 활용해 정의합니다.

4. 경쟁사 현황
같은 트렌드를 따르는 경쟁사는 어떤 회사들이 있으며, 그들의 제품이나 서비스는 어떤 특징을 갖고 있는지 분석합니다.

5. 시장의 잠재력
이 트렌드가 갖고 있는 시장 내 잠재적 가치를 평가한다. 이는 업계 보고서, 시장 조사 데이터 등을 통해 추정할 수 있습니다.

6. 제품 개발 및 혁신

환경친화적인 제품: 제품의 생산 과정부터 포장, 배송에 이르기까지 전 과정에서 지속 가능성을 고려합니다. 재활용 가능한 자재 사용, 탄소 발자국 최소화 등의 방법을 모색합니다.

원격 근무 제품: 원격 근무자의 필요를 충족시키는 혁신적인 제품을 개발합니다. 예를 들어, 고효율 비디오 컨퍼런싱 도구, 편안한 홈 오피스 가구 등이 있습니다.

7. 타겟 마케팅 전략

타겟 고객층 정의 : 환경 의식이 높은 소비자, 원격 근무자 등 특정 고객층을 목표로 한다. 이들의 선호, 소비 패턴, 미디어 사용 습관 등을 분석해 맞춤형 마케팅 메시지를 개발합니다.

채널 선택: 소셜 미디어, 블로그, 이메일 마케팅 등 타겟 고객층이 자주 이용하는 채널을 중심으로 마케팅 활동을 집중합니다.

8. 콘텐츠 마케팅

교육 및 인식 제고 : 환경친화적인 생활 방식, 원격 근무의 장점 등에 대한 콘텐츠를 제작해 고객의 인식을 제고하고, 제품의 필요성을 부각시킵니다.

사례 연구 및 리뷰 : 실제 사용 사례, 고객 리뷰 등을 통해 제품의 효과와 가치를 입증합니다.

9. 소셜 미디어 최적화

인플루언서 마케팅 : 환경 보호, 원격 근무와 같은 분야에서 영향력이 있는 인플루언서와 협력해 제품의 인지도를 높이다.

커뮤니티 참여 : 관련 온라인 커뮤니티, 포럼에서 활동해 타겟 고객과 직접 소통하고, 피드백을 수집한다.

10. 성과 분석 및 개선

분석 도구 활용 : Google Analytics, 소셜 미디어 분석 도구 등을 이용해 웹사이트 트래픽, 소셜 미디어 참여도, 전환율 등을 모니터링합니다.

지속적인 최적화: 마케팅 캠페인의 성과를 정기적으로 분석하고, 전략을 조정해 개선 방안을 모색합니다.

2) 경쟁사 조사의 중요성

〈프롬프트 입력〉

경쟁사 조사는 시장 내에서 자신의 위치를 파악하고 차별화된 전략을 수립하는 데 중요합니다. Amazon, eBay 같은 플랫폼에서 직접 경쟁 제품을 검색하거나, SEMrush와 같은 SEO 도구를 사용해 경쟁사의 온라인 활동을 분석할 수 있습니다. 이를 통해 경쟁사의 가격 책정, 제품 특징, 고객 리뷰 등을 파악해 자신의 제품이나 서비스를 어떻게 개선하고 차별화할 수 있을지 아이디어를 얻을 수 있습니다. 이 내용을 바탕으로 내가 실천해야할 것들, 관련된 데이터를 수집해서 표로 만들어줘.

〈결과〉

경쟁사 분석을 통해 얻은 통찰력을 바탕으로, 여러분의 스타트업이 시장에서 성공하기 위해 실행해야 할 다음 단계는 구체적인 전략을 세우고 실행에 옮기는 것입니다. 이 과정에서 주요 초점을 맞춰야 할 몇 가지 영역이 있습니다.

1. 제품 개선 및 혁신
고객 피드백과 경쟁사 리뷰 분석을 통해 제품의 약점 개선 : 고객의 불만사항이나 경쟁사 제품과의 비교에서 나타난 약점을 해결하기 위한 제품 개선안을 마련합니다.
독특한 가치 제안 개발 : 여러분의 제품이나 서비스가 경쟁사와 어떻게 다른지 명확하게 하는 독특한 가치 제안을 개발합니다.

2. 가격 전략
가격 경쟁력 확보 : 시장 조사를 바탕으로 가격 책정 전략을 재검토하고, 필요하다면 가격 조정을 고려합니다. 가성비를 강조하거나 프리미엄 가치를 제공하는 방향으로 전략을 세울 수 있습니다.
가치 기반 가격 책정 : 제품이나 서비스의 독특한 가치와 혜택을 고려한 가격 책정 전략을 개발합니다.

3. 마케팅 및 홍보 전략
타깃 마케팅 강화 : 타겟 고객층의 선호와 행동을 분석해 맞춤형 마케팅 캠페인을 기획합니다.

콘텐츠 마케팅 및 SEO 전략 최적화 : 유용하고 관련성 높은 콘텐츠를 제작해 웹사이트의 SEO 성능을 개선하고, 타겟 고객의 참여를 유도합니다.
소셜 미디어 및 인플루언서 마케팅 활용 : 타겟 고객층에게 도달할 수 있는 소셜 미디어 채널과 영향력 있는 인플루언서를 활용해 제품이나 서비스의 인지도와 참여도를 높입니다.

4. 고객 서비스 및 경험 개선
고객 서비스 품질 향상 : 고객 서비스 프로세스를 재검토하고 고객 지원 팀의 교육을 강화해 고객 만족도를 높입니다.
고객 경험 최적화 : 제품 사용 과정에서의 고객 경험을 분석하고, 사용자 인터페이스(UI)와 사용자 경험(UX)을 개선해 고객 충성도를 증진시킵니다.

5. 지속적인 모니터링 및 평가
시장 변화에 대한 지속적인 모니터링 : 시장 트렌드, 고객 선호도, 경쟁사 전략의 변화를 지속적으로 모니터링합니다.
성과 측정 및 분석 : 마케팅 캠페인과 전략의 성과를 정기적으로 측정하고 분석해, 개선점을 찾고 전략을 조정합니다.

이러한 단계를 통해 여러분의 스타트업은 시장 내에서의 위치를 강화하고, 차별화된 전략을 수립해 성공적으로 성장할 수 있을 것입니다. 각 단계별로 구체적인 계획을 세우고 실행하시기 바랍니다!

〈프롬프트 추가 입력〉

사용자 : 1.2.3.4.5 내용에 관련해 검색할 수 있는 사이트를 알려주세요.

〈결과〉
1. 아마존(https://www) : 다양한 제품의 가격과 특징을 비교할 수 있으며, 고객 리뷰도 확인할 수 있습니다.
이베이(https://www) : 제품의 가격 범위와 경쟁 제품을 파악할 수 있으며, 중고 제품 시장의 동향도 확인할 수 있습니다.

2. 트러스트 파일럿 (https://www) : 다양한 회사와 제품에 대한 고객 리뷰를 제공합니다.
옐프(https://www): 특히 서비스 업계와 관련된 비즈니스의 고객 리뷰를 확인할 수 있습니다.

3. 온라인 활동 유사한 웹 (https://www) : 웹사이트의 트래픽과 사용자 참여도를 비롯해, 경쟁사의 온라인 활동을 분석할 수 있습니다.
알렉사(https://www.alexa.com): 웹사이트의 글로벌 및 국가별 순위, 키워드, 소스 트래픽 등을 제공한다.

4. SEO 및SEMrush(https://www.semrush) : 경쟁사의 SEO 전략, 키워드, 백링크, 광고 활동 등을 분석할 수 있는 포괄적인 도구입니다.
아레프스(https://www) : 사이트 탐색, 키워드 탐색, 백링크 체크 등 SEO와 관련된 다양한 분석 도구를 제공합니다.

5. 훗스위트(https://www.hootsuite.com): 여러 소셜 미디어 채널을 한 곳에서 관리하고 분석할 수 있으며, 경쟁사의 소셜 미디어 활동을 모니터링할 수 있다.

3) 성공적인 아이템 찾기

성공적인 아이템을 찾기 위해서는 시장의 수요와 자신의 열정이 만나는 지점을 찾아야 한다. 이 과정에서 고객의 문제점을 해결해 줄 수 있는 제품을 고민하고, 해당 제품에 대한 시장의 수요가 있는지 검증해야 한다. Kickstarter나 Indiegogo와 같은 크라우드펀딩 사이트를 통해 제품 아이디어의 시장 반응을 사전에 테스트할 수도 있다. 이는 초기 자본 조달뿐만 아니라 시장 검증의 기회도 제공한다.

4) AI를 활용한 아이템 선정

AI 기술, 특히 챗GPT와 같은 고급 분석 도구를 활용하면 대규모 데이터 분석을 통해 숨겨진 시장 트렌드를 발견하고 특정 아이템에 대한 소비자의 반응을 예측할 수 있다. AI는 또한 소비자 리뷰와 온라인 토론 포럼에서 제품에 대한 긍정적이거나 부정적인 의견을 분석해 제품 개발에 있어 중요한 통찰력을 제공할 수 있다. 이러한 기술을 활용해 시장 조사를 심화하고 자신의 제품 아이디어가 실제로 시장에서 어떤 위치를 차지할 수 있을지 더 정확히 예측할 수 있다.

15. 미국 온라인 쇼핑몰의 이해

이 장에서는 미국 내 주요 온라인 쇼핑몰들의 특징과 각각의 플랫폼이 1인 스타트업에게 제공하는 기회 및 도전 과제에 대해 알아본다.

1) Amazon

Amazon은 세계 최대의 온라인 리테일러로 다양한 카테고리의 제품을 제공한다. Amazon은 방대한 고객 기반과 선진적인 물류 시스템(Fulfillment by Amazon, FBA)을 제공해 판매자가 전 세계적으로 상품을 쉽게 배송하고 관리할 수 있도록 돕는다. 하지만, 높은 경쟁률과 복잡한 수수료 구조가 도전 과제로 작용할 수 있다.

2) Walmart

Walmart는 미국 최대의 물리적 소매업체이며 온라인 시장에서도 강력한 입지를 구축하고 있다. Walmart Marketplace는 선별된 판매자만을 대상으로 해 품질 관리에 중점을 둔다. 이는 브랜드 가치를 중시하는 판매자에게 유리하며, Walmart의 광대한 배송 네트워크를 활용할 수 있다.

3) eBay

eBay는 경매 기반의 판매 방식으로 유명한 플랫폼이며 중고품 또는 수집품 등 특별한 아이템을 판매하려는 판매자에게 이상적이다. eBay는 비교적 낮은 수수료와 유연한 판매 방식을 제공하지만 경쟁이 치열하며 판매자가 직접 배송과 고객 서비스를 관리해야 하는 부담이 있다.

4) Etsy

Etsy는 수공예품, 빈티지 아이템, 맞춤 제작 상품에 특화된 플랫폼이다. Etsy는 독특한 제품을 찾는 고객층에게 큰 인기를 끌고 있으며 판매자가 자신의 스토리와 제품을 효과적으로 전달할 수 있는 마케팅 도구를 제공한다. 하지만, 특정 카테고리에 한정된다는 점이 한계일 수 있다.

5) Target

Target은 Target Plus™ 파트너 프로그램을 통해 온라인 마켓플레이스를 운영한다. 초대를 통해서만 입점할 수 있으며 고품질의 제품과 브랜드를 중시한다. Target은 높은 브랜드 인지도와 충성도 높은 고객층을 자랑하지만 입점 기준이 엄격하다.

6) 플랫폼 별 비교

- 고객층 : Amazon과 Walmart는 광범위한 제품을 다루는 대중적인 고객층을 보유하고 있으며 eBay는 중고품과 수집품에 특화된 시장, Etsy는 수공예품과 맞춤 제작을 한다.

해외 입점 가능 여부	가능	가능 (Walmart International Seller)	가능	가능	제한적 (Target Plus™ 파트너)
입점 수수료	$39.99/월 + 판매 수수료	없음 + 판매 수수료	없음 + 판매 수수료	0.20달러/상품 등록 + 판매 수수료	입점 비용 정보 없음
판매 수수료	카테고리별로 다름, 6%~45%	약 6%~15%	카테고리별로 다름, 약 10%~12%	5% + 결제 처리 수수료	정보 없음
준비할 사항	사업자 등록증, 은행 계좌, 세금 정보	사업자 등록증, 은행 계좌, 세금 정보, W-8/W-9 양식	사업자 등록증, 은행 계좌, PayPal 계정 (선택적)	사업자 등록증 (선택적), 은행 계좌	초대 기반, 사업자 등록증, 은행 계좌, 세금 정보 필요
물류/운송	FBA (Fulfillment by Amazon) 이용 가능	WFS (Walmart Fulfillment Services) 이용 가능	eBay Global Shipping Program	없음, 판매자 직접 관리	Target Plus™ 파트너는 자체 물류 사용
재고 보관	FBA를 통한 아마존 창고 이용 가능	WFS를 통해 월마트 창고 이용 가능	판매자 자체 관리	판매자 자체 관리	판매자 자체 관리

[그림22] 플랫폼 별 비교

16. 해외 판매자로서 온라인 쇼핑몰 입점 시 주의 사항 및 준비

해외 판매자로서 미국의 온라인 쇼핑몰에 입점할 때 각별히 주의해야 할 사항과 준비해야 할 것들은 여러 가지가 있다. 다음은 주요 온라인 쇼핑몰에 대한 일반적인 주의 사항과 준비 사항, 각 쇼핑몰의 공식 사이트로 연결되는 링크이다. 이 정보는 판매 전략을 계획하고 입점 절차를 이해하는 데 도움이 될 것이다.

1) Amazon

- 주의할 것 : 세금 정보와 국제 배송 정책, 그리고 지적재산권에 대한 이해가 필요하다. Amazon의 A-Z Guarantee와 같은 고객 보호 정책에도 주의를 기울여야 한다.
- 준비할 것 : 사업자 등록증, 국제 은행 계좌, 세금 식별 번호(예: EIN, ITIN), Amazon Global Selling을 통한 국제 배송 준비.
- 사이트 링크 : Amazon Global Selling

2) Walmart

- 주의할 것 : Walmart Marketplace는 선택적 입점 정책을 갖고 있으므로 고품질의 제품 이미지와 상세한 제품 설명이 요구된다. 또한 빠른 배송과 경쟁력 있는 가격 설정이 중요하다.
- 준비할 것 : W-8 또는 W-9 양식, 미국 내 세금 처리를 위한 준비, Walmart Fulfillment Services (WFS)를 위한 물류 계획.
- 사이트 링크 : Walmart Marketplace

3) eBay

- 주의할 것 : eBay에서는 중고품 및 수집품 판매가 활발하므로 제품의 상태와 진위를 명확히 설명해야 한다. 국제 판매를 위한 배송 옵션과 비용 산정에 주의가 필요하다.
- 준비할 것 : PayPal 계정 (국제 결제를 위함), eBay의 Global Shipping Program 참여 여부 결정, 해외 배송에 대한 명확한 정책 수립.
- 사이트 링크 : eBay Global Shipping Program

4) Etsy

- 주의할 것 : Etsy는 독특하고 개성 있는 수제품, 빈티지 아이템, 예술 작품에 초점을 맞추고 있으므로 제품의 독창성과 창의성이 중요하다. 판매 수수료와 결제 처리 수수료에 주의해야 한다.
- 준비할 것 : 고품질의 제품 이미지와 창의적인 제품 설명, 국제 배송 가능 여부 및 배송 비용 계산, Etsy Payments 사용을 위한 준비.
- 사이트 링크: Etsy Seller Handbook

5) Target

- 주의할 것 : Target Plus™는 초대를 통해서만 입점할 수 있으며, 고객 경험과 브랜드 가치에 맞는 제품을 선보여야 한다. 제품 품질과 배송 속도가 중요한 평가 기준이다.
- 준비할 것 : 초대를 받은 경우, Target Plus™ 입점 요건, 미국 내 세금 처리를 위한 준비, 타겟과의 협력을 위한 물류 및 배송 전략 개발.
- 사이트 링크: Target Plus™는 초대 기반으로 운영되므로 직접적인 입점 페이지 링크 대신 Target의 일반적인 공급업체 정보 페이지를 참조하라.(Target for Suppliers)

6) 해외 입점자들이 각별히 주의해야 할 것들

- 세금과 관세 : 각국의 세금 체계와 미국 내 판매 시 적용되는 관세 규정을 정확히 이해해야 한다. 필요한 경우 회계사나 세무 전문가의 도움을 받는 것이 좋다.
- 지적 재산권 보호 : 브랜드와 상품의 지적 재산권을 보호하기 위한 조치를 취해야 하며 타인의 지적 재산권을 침해하지 않도록 주의해야 한다.
- 고객 서비스와 반환 정책 : 해외 판매자의 경우 국제 배송과 관련된 이슈, 반환 정책 및 고객 서비스에 대한 명확한 계획이 필요하다.
- 제품 규정과 안전 기준 : 미국 시장에 입점하기 위해서는 해당 제품이 미국의 제품 안전 기준 및 규정을 준수해야 한다.
- 국제 배송 : 국제 배송 옵션, 비용, 세관 처리 절차를 명확히 이해하고 계획해야 한다. 배송 지연이나 추가 비용 발생을 최소화하기 위한 전략이 필요하다.
- 준비할 것들 : 세금 식별 번호: 미국 시장에서 판매하기 위해서는 EIN 또는 ITIN과 같은 세금 식별 번호가 필요할 수 있다.

- 국제 결제 방식 : 국제 결제를 받을 수 있는 방식을 마련해야 한다. PayPal, Stripe, Etsy Payments 등 다양한 옵션이 있다.
- 국제 배송 파트너 : 신뢰할 수 있는 배송 파트너를 선정해 제품이 시간 내에 안전하게 배송될 수 있도록 해야 한다.
- 고객 서비스 전략 : 시차, 언어 장벽 등을 고려한 고객 서비스 전략이 필요하다. FAQ 섹션, 다국어 지원, 효율적인 커뮤니케이션 채널 구축 등이 포함된다.
- 마케팅 및 브랜딩 전략 : 미국 시장에서 브랜드 인지도를 높이기 위한 마케팅 전략을 수립해야 한다. 소셜 미디어, 온라인 광고, Influencer 마케팅 등을 활용할 수 있다.

각 쇼핑몰의 공식 사이트에서 더욱 상세한 정보와 최신 업데이트를 확인해야 한다. 해외 판매자로서 성공적인 미국 시장 진출을 위해 철저한 준비와 지속적인 시장 조사가 필요하다.

Epilogue

이 챗봇을 통해 스타트업 창업자들은 시장 트렌드 분석, 경쟁사 조사, 타겟 고객 분석을 통해 효과적인 마케팅 전략을 수립할 수 있다. 콘텐츠 마케팅, 소셜 미디어 최적화, SEO 및 SEM 전략을 통해 온라인 가시성을 향상시키고 마케팅 캠페인의 성과를 분석해 지속적으로 개선할 기회를 제공한다.

이를 통해 창업자들은 변화하는 시장에 빠르게 적응하고 경쟁력을 유지하며 비즈니스 성장을 가속화할 수 있다. 결국, 이 챗봇은 스타트업 창업자가 자신의 브랜드를 성공적으로 시장에 위치시키고 목표 고객층에게 효과적으로 다가갈 수 있도록 지원하는 귀중한 자원이다.

여러분의 1인 스타트업 창업자를 위한 든든한 챗봇 비서 'leo(레오)' 잘 활용하길 바라며 도전하는 여러분을 응원한다.

처음 시작하는 기업 홍보, 생성형 AI로 뚝딱! '챗GPT+VREW'

이 경 숙

제7장

처음 시작하는 기업 홍보, 생성형 AI로 뚝딱! '챗GPT+VREW'

Prologue

세상은 넓고, 창의력의 바다는 끝이 없다. 그 넓은 바다를 항해하는 많은 이들이 있지만 자신만의 배를 갖고 출항할 준비가 돼 있는 이들은 많지 않다. 이 책은 바로 그 준비를 돕고자 태어났다. '처음 시작하는 기업 홍보 영상, 생성형 AI, 챗GPT와 함께라면 쉬워요'는 단순한 안내서가 아니다. 이는 꿈을 꾸는 모든 개인 크리에이터와 중소상공인들에게 희망의 빛을 비추는 등대와 같다.

생성형 AI와 챗GPT의 기술은 눈부시게 발전해 우리의 일상과 업무방식에 혁신을 가져왔다. 이 책을 통해 필자는 여러분이 이러한 기술을 활용해 자신만의 이야기를 세상에 전할 수 있도록 이끌고자 한다. 홍보 영상 하나로도 사람들의 마음을 움직이고, 브랜드의 가치를 전달할 수 있는 시대에 우리는 살고 있다. 이 책을 따라가다 보면 여러분의 이야기가 어떻게 힘을 얻어 나갈 수 있는지 발견하게 될 것이다.

필자는 여러분 각자가 가진 독특한 목소리와 창의력을 믿는다. 그리고 그것을 세상에 드러내는 여정에 생성형 AI와 챗GPT가 얼마나 큰 힘이 될 수 있는지 보여주고 싶다. 이 책이 여러분의 손에 닿는 순간, 무한한 가능성의 문이 열리게 될 것이다. 함께 우리는 더 밝은 미래를 향해 나아갈 수 있다.

1. 시작하기 전에

1) 홍보 영상이란 무엇인가?

상상해 보자. 당신이 멋진 카페를 운영하고 있다고 가정하자. 이 카페에는 세상에서 가장 맛있는 케이크와 커피가 있다. 하지만 사람들이 이걸 모른다면? 그때 홍보 영상이 등장한다! 홍보 영상이란 바로 당신의 카페, 제품, 서비스, 또는 당신이 전하고 싶은 어떤 메시지든지 간에 사람들에게 보여주고 싶은 것을 창의적이고 매력적인 방식으로 포장해 전달하는 짧은 영상이다. 이 영상은 당신의 이야기를 들려주고, 사람들이 당신의 카페에 와서 그 맛있는 케이크를 직접 경험하고 싶게 만든다.

2) 왜 홍보 영상이 중요한가?

여기서 중요한 질문이 있다. '왜 우리는 홍보 영상에 투자해야 하나?' 간단하다. 우리는 정보가 넘치는 세상에 살고 있다. 사람들은 매일 수천 개의 광고와 메시지에 노출된다. 그런데 왜 사람들이 바로 당신의 메시지에 주목해야 할까? 홍보 영상은 바로 그 질문에 답을 준다. 영상은 이야기를 통해 감정을 자극하고, 사람들이 당신의 브랜드와 연결될 수 있게 만든다. 예를 들어 당신의 카페 이야기를 들려주는 영상에는 따뜻한 아침 햇살 아래 사랑하는 사람들과 함께 커피를 즐기는 모습이 담겨 있을 수 있다. 이런 장면들은 보는 이에게 편안함과 즐거움을 느끼게 하며, 그들이 카페를 방문하고 싶게 만드는 강력한 동기를 제공한다.

3) 홍보 영상의 힘(사례로 살펴보기)

사례 1〉 작은 지역 서점이 소셜 미디어를 통해 고객들과의 만남을 기록한 영상을 공유했다. 이 영상은 사람들이 책에 대한 사랑을 공유하는 모습과 함께, 편안하고 친근한 분위기를 담고 있었다. 결과? 사람들은 서점을 방문하기 위해 줄을 서게 됐다.

사례 2〉 한 스타트업이 자신들의 혁신적인 제품을 설명하는 영상을 만들었다. 이 영상은 제품이 실생활에서 어떻게 사용될 수 있는지를 재미있고 이해하기 쉬운 방식으로 보여줬고, 많은 사람이 제품에 관심을 갖게 만들었다.

이처럼 홍보 영상은 단순히 정보를 전달하는 것 이상의 역할을 한다. 그것은 감정을 전달하고, 사람들이 당신의 브랜드와 개인적으로 연결될 수 있게 만드는 매개체이다. 그리고 가장 좋은 소식은 AI와 같은 현대 기술 덕분에 이제 누구나 멋진 홍보 영상을 만들 수 있다는 것이다. 다음 장에서는 바로 그 방법에 대해 알아보겠다.

2. 기획, 첫걸음

1) 무엇을 전달하고 싶은가?

영상을 만들기 전에 가장 먼저 해야 할 일은 당신이 전하고 싶은 핵심 메시지를 명확히 하는 것이다. 이 메시지는 당신의 영상이 전달하고자 하는 '영혼'과도 같다. 예를 들어 당신이 친환경 패션 브랜드를 운영한다고 가정해 보자. 당신의 메시지는 '지속 가능한 패션으로 지구를 구하자'일 수 있다. 이 메시지는 당신의 영상 전반에 걸쳐 흐르는 주제가 되며, 모든 시각적 요소와 대본에서 이 메시지를 강조해야 한다.

2) 타깃 오디언스 정하기

다음으로 중요한 단계는 당신의 메시지를 듣게 될 사람들, 즉 타깃 오디언스를 정하는 것이다. 타깃 오디언스를 정확히 알고 있어야 그들의 관심사와 필요에 맞춰 영상을 맞춤 제작할 수 있다. 예를 들어 당신의 친환경 패션 브랜드의 타깃 오디언스는 환경 보호에 관심이 많고, 지속 가능한 소비를 중요하게 생각하는 20대와 30대일 수 있다. 이 오디언스를 염두에 두고 그들이 공감할 수 있는 이야기와 시각적 요소를 영상에 담아야 한다.

3) 실제 사례로 살펴보기

사례 1〉 한 피트니스 앱은 자신들의 타깃 오디언스를 바쁜 직장인으로 설정했다. 그들의 영상은 짧고 강렬한 운동 루틴을 보여주며, 직장인들이 바쁜 일상 속에서도 건강을 유지할 수 있음을 강조했다. 이는 바쁜 직장인들이 자신의 필요와 일치하는 솔루션을 찾을 수 있도록 했다.

사례 2〉 어린이 교육용 게임을 만드는 스타트업은 자신들의 타깃 오디언스를 부모와 어린이로 정했다. 그들의 홍보 영상은 즐겁고 교육적인 게임 플레이를 통해 어린이들이 배우는 모습을 보여줬다. 또한 안전하고 유익한 콘텐츠를 제공한다는 메시지를 강조해 부모들의 신뢰를 얻었다.

이처럼 당신이 전하고 싶은 메시지를 명확히 하고 이를 가장 잘 받아들일 수 있는 타깃 오디언스를 정하는 것이 홍보 영상 제작의 첫걸음이다. 다음 장에서는 AI를 어떻게 활용해 이 모든 과정을 더 쉽고 효율적으로 만들 수 있는지 알아보겠다.

3. 콘텐츠 만들기, AI의 역할

이제 메시지와 타깃 오디언스를 정했다면 본격적으로 콘텐츠를 만들어 볼 시간이다. 여기서 AI, 특히 생성형 AI와 챗GPT가 큰 역할을 한다.

1) 생성형 AI, 챗GPT로 아이디어 얻기

생성형 AI는 말 그대로 새로운 콘텐츠를 '생성'하는 AI이다. 챗GPT 같은 도구를 사용하면 브레인스토밍 과정에서 흥미로운 아이디어를 얻거나, 복잡한 주제를 간단한 언어로 풀어쓰는 데 도움을 받을 수 있다. 예를 들어 '친환경 패션을 대중에게 어떻게 알릴까?'와 같은 질문을 챗GPT에 던져보자. 그러면 이와 관련된 다양한 캠페인 아이디어, 슬로건, 심지어는 스토리텔링의 구체적인 예까지 제안을 받을 수 있다.

2) 사례로 살펴보기

사례 1〉 한 스타트업이 새로운 건강식품 라인을 홍보하기 위해 챗GPT를 사용했다. 이들은 챗GPT에게 타깃 오디언스가 관심을 가질 만한 건강 관련 통찰력과 재미있는 팩트를 물었고, 그 결과를 받아 자신들의 제품과 연결해 홍보 영상의 아이디어를 얻었다.

사례 2〉 한 교육 기관에서는 챗GPT를 활용해 교육 프로그램의 장점을 강조하는 방법에 대한 아이디어를 얻었다. AI는 다양한 연령대와 배경을 가진 학습자들이 프로그램에 어떻게 참여할 수 있는지에 대한 창의적인 시나리오를 제공했다.

3) 쉬운 대본 작성 방법

대본 작성은 많은 사람이 어려워하는 부분이다. 하지만 걱정마라. AI가 여기에도 도움을 줄 수 있다. 챗GPT와 같은 도구를 사용하면 당신의 메시지를 효과적으로 전달할 수 있는 대본을 쉽게 작성할 수 있다. 단순히 AI에게 당신의 메시지, 타깃 오디언스, 원하는 영상의 톤(예: 유머러스, 진지함, 친근함 등)을 알려주면 이를 바탕으로 대본 초안을 만들어 준다.

4) 대본 작성 팁

- 명확성 : 메시지를 간단명료하게 전달하라.
- 이야기 : 사람들은 스토리에 끌린다. 당신의 메시지를 이야기 형태로 전달해 보라.
- 감정 : 대본에 감정을 담아 사람들의 공감을 이끌어내라.
- 호소력 : 타깃 오디언스가 관심을 가질 만한 요소를 강조하라.

생성형 AI와 챗GPT를 활용하면 아이디어 구상부터 대본 작성까지 홍보 영상 제작의 초기 단계를 쉽고 효율적으로 진행할 수 있다. 다음 장에서는 이렇게 만든 아이디어와 대본을 바탕으로 실제 영상을 어떻게 제작하는지 알아보겠다.

4. 홍보 영상, 기획부터 영상까지 AI와 함께

1단계 : 아이디어 스케치

2단계 : 대본 초안 생성 요청

챗GPT에게 당신의 메시지, 타깃 오디언스, 영상 톤, 아이디어 스케치를 기반으로 대본 초안을 만들어 달라고 요청한다. 예를 들어 '친환경 패션 브랜드 홍보 영상 대본, 희망적이고 영감을 주는 톤, 20대와 30대 대상'이라고 구체적으로 설명한다.

'그린힐 브런치 카페' 홍보 영상 대본 작성을 위한 구체적인 예시를 다음과 같이 제시한다. 이 과정에서 생성형 AI와 챗GPT의 도움을 받아 아이디어를 구체화하고, 대본 초안을 만드는 단계를 거치겠다.

대본 작성 전 아이디어 모으기(브레인스토밍, 디자인 싱킹)

〈아이디어 구상〉

생성형 AI 챗GPT 활용 질문 예시
- 그린힐 브런치 카페의 주요 매력 포인트는 무엇인가요?
- 카페 방문객들에게 어떤 독특한 경험을 제공하나요?
- 카페의 분위기와 메뉴 중에서 사람들에게 가장 인기 있는 것은 무엇인가요?

AI 제안 받은 아이디어
- 카페의 편안하고 자연 친화적인 분위기
- 신선하고 지역에서 공급받은 재료로 만든 건강한 브런치 메뉴
- 카페에서 진행하는 커뮤니티 이벤트와 워크숍

1) 챗GPT 프롬프트 작성 과정

(1) 목표와 메시지 명확히 하기

먼저 영상의 목표와 전달하고자 하는 메시지를 명확히 한다. 예를 들어 '많은 사람들이 그린힐 브런치 카페에 많이 찾아올 수 있도록 장점들을 알리고 홍보해서 지역 살리기도 하고 싶습니다'라고 정리할 수 있다.

(2) 타깃 오디언스 정의

타깃 오디언스가 누구인지 명확히 한다. 예를 들어 '공기 좋고 공간도 좋은 데이트와 가족 모임을 하고 싶은 누구나'

(3) 영상의 톤과 스타일 설정

영상이 전달하고자 하는 감정적 분위기와 스타일을 결정한다. 예를 들어 '자연 친화적이

고 따뜻한 공간에서 소중한 시간을 보내며 추억을 만들고 사랑하는 사람들과의 소중한 시간을 만들어 드릴 것을 약속한다.'

(4) 프롬프트 작성

앞의 정보를 바탕으로 챗GPT에게 요청할 프롬프트를 작성한다. 목표, 메시지, 타깃 오디언스, 톤을 포함해 AI에게 명확한 지침을 제공해야 한다.

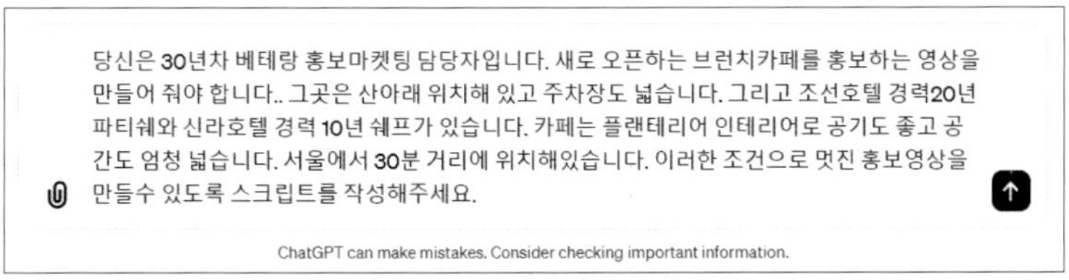

당신은 30년차 베테랑 홍보마켓팅 담당자입니다. 새로 오픈하는 브런치카페를 홍보하는 영상을 만들어 줘야 합니다.. 그곳은 산아래 위치해 있고 주차장도 넓습니다. 그리고 조선호텔 경력20년 파티쉐와 신라호텔 경력 10년 쉐프가 있습니다. 카페는 플랜테리어 인테리어로 공기도 좋고 공간도 엄청 넓습니다. 서울에서 30분 거리에 위치해있습니다. 이러한 조건으로 멋진 홍보영상을 만들수 있도록 스크립트를 작성해주세요.

ChatGPT can make mistakes. Consider checking important information.

[그림1] 챗GPT 프롬프트

(5) 피드백과 수정

챗GPT로부터 받은 대본 초안을 기반으로 필요한 부분을 수정하고 개선해 최종 대본을 완성한다. 이 과정에서는 당신의 창의력과 브랜드의 독특한 특성을 반영해 AI가 제안한 아이디어를 풍부하게 할 수 있다.

이처럼 프롬프트 작성 과정은 당신의 아이디어를 AI에게 효과적으로 전달하고 원하는 결과를 얻기 위한 중요한 단계이다. 명확하고 구체적인 프롬프트는 AI가 더 정확하고 창의적인 대본을 생성하는 데 도움을 줄 것이다.

2) 2단계 대본 작성

(1) AI 프롬프트 요청

그린힐 브런치 카페의 매력 포인트를 기반으로 한 홍보 영상 대본을 만들어 주세요. 대상은 연인, 가족, 친구, 회식과 모임, 데이트를 공기 좋고 공간과 주차시설이 완벽하게 준비된 곳에서 하고자 하는 자가용으로 움직일 수 있는 누구나이다.

홍보 영상 스크립트:

[오프닝 씬: 서울의 바쁜 거리를 배경으로 하며, 카메라는 조용하고 평화로운 산 아래 위치한 브런치 카페로 서서히 이동한다.]
내레이터: "서울의 분주함에서 단 30분 거리에, 자연의 평온함을 품은 독특한 피난처가 여러분을 기다리고 있습니다."
[씬 전환: 브런치 카페의 외부 모습. 넓은 주차장과 산의 아름다운 배경이 보인다.]
내레이터: "산 아래 위치한 우리의 브런치 카페에서는, 여유로운 주차와 함께 시작되는 특별한 하루를 선사합니다."
[씬 전환: 카페 내부로 이동하며, 플랜테리어 인테리어와 넓은 공간, 싱그러운 식물들을 보여준다.]
내레이터: "플랜테리어 인테리어로 꾸며진 우리 카페에서는, 매 순간이 숨 쉬는 것만으로도 기쁨이 되는 공간입니다."
[씬 전환: 조선호텔에서 20년 경력을 지닌 파티쉐가 정성스럽게 디저트를 만드는 모습.]
내레이터: "조선호텔 출신의 파티쉐가 선보이는, 예술 작품과도 같은 디저트를 경험해 보세요."
[씬 전환: 신라호텔에서 10년 경력을 지닌 쉐프가 맛있는 브런치 요리를 준비하는 모습.]
내레이터: "그리고 신라호텔 출신 쉐프가 준비한, 입맛을 사로잡을 브런치 메뉴와 함께 아침을 시작하세요."
[씬 전환: 손님들이 편안한 분위기에서 식사를 즐기는 모습.]
내레이터: "친구들, 가족들과 함께, 또는 혼자서도 즐길 수 있는 완벽한 공간. 우리는 모든 순간이 특별해지기를 바랍니다."
[클로징 씬: 카페 외부의 아름다 풍경과 함께 카페의 로고와 연락처 정보가 나타난다.]
내레이터: "서울에서 가까운, 자연 속의 평화를 찾아온 여정. 지금 바로 방문해 보세요. 우리는 여러분을 기다리고 있습니다."
[화면 페이드 아웃, 카페의 로고와 연락처 정보가 화면에 남는다.]

[그림2] 대본 초안

(2) 대본 수정 및 완성

이 대본 초안을 바탕으로 필요한 수정 사항을 점검하고, 영상에 등장할 특정 장면이나 대사를 더 추가하거나 조정할 수 있다. 또한 카페의 진정성과 메시지가 잘 전달되는지 확인하는 것이 중요하다.

수정) 홍보 영상 스크립트:

서울의 분주함에서 단 30분 거리에,
자연의 평온함을 품은 독특한 피난처가 여러분을 기다리고 있습니다.
산 아래 위치한 우리의 브런치 카페에서는,
여유로운 주차와 함께 시작되는 특별한 하루를 선사합니다.
플랜테리어 인테리어로 꾸며진 우리 카페에서는,
매 순간이 숨 쉬는 것만으로도 기쁨이 되는 공간입니다.
조선호텔 출신의 파티쉐가 선보이는,
예술 작품과도 같은 디저트를 경험해 보세요.
그리고 신라호텔 출신 쉐프가 준비한,
입맛을 사로잡을 브런치 메뉴와 함께 아침을 시작하세요.
친구들, 가족들과 함께, 또는 혼자서도 즐길 수 있는 완벽한 공간.
우리는 모든 순간이 특별해지기를 바랍니다.
서울에서 가까운, 자연 속의 평화를 찾아온 여정.
지금 바로 방문해 보세요. 우리는 여러분을 기다리고 있습니다.

[그림3] 완성된 대본

이 과정을 통해 '그린힐 브런치 카페'의 매력을 효과적으로 전달하면서, 타깃 오디언스의 관심을 끌 수 있는 홍보 영상 대본을 완성할 수 있다. AI의 도움으로 아이디어를 구체화하고 대본 작성의 부담을 줄일 수 있음을 잊지 말기를!

3) 3단계 대본 수정 및 개선

챗GPT에 프롬프트를 작성해 대본 초안을 생성하는 과정은 창의적이면서도 목적에 맞게 진행돼야 한다. 이 과정은 여러분의 아이디어를 AI와 소통하는 방법으로 명확하고 구체적인 지침을 제공해야 한다.

(1) 3단계 영상 제작(기본)

이제 아이디어와 대본이 준비됐다면 실제 영상을 만드는 단계로 넘어간다. 여기서는 AI를 이용한 편집 기초, 간단한 촬영 팁, 그리고 가상의 영상 제작 플랫폼인 '브루'를 활용한 영상 제작 순서를 소개한다.

(2) AI를 이용한 편집 기초

- 자동 색 보정 : 많은 AI 편집 툴들이 영상의 색감을 자동으로 조정해 줘 전문가처럼 보이게 만들어준다.
- 음악 및 사운드 효과 추가 : AI는 영상의 분위기에 맞는 음악과 사운드 효과를 추천해 준다.
- 자막 생성 : 대본을 기반으로 자동으로 자막을 생성하고, 타이밍을 조절해 준다.

(3) 간단한 촬영 팁

- 자연광 활용 : 가능한 한 자연광을 활용하라. 자연광은 사진이나 영상을 더욱 빛나게 한다.
- 안정된 촬영 : 삼각대를 사용하거나, 손이 떨리지 않도록 주의해 촬영하라.
- 배경 주의 : 깔끔하고 산만하지 않은 배경에서 촬영하는 것이 좋다.

[그림4] 자연광을 이용한 촬영

4) 4단계 브루(Vrew)를 활용한 영상 제작

누구나 대박 나는 홍보 영상 제작자가 될 수 있다. 영상 제작 플랫폼으로는 '브루(Vrew)' 활용한다. 브루(Vrew)를 활용하면 누구나 쉽게 브랜드 가치를 높이는 영상 마케팅 전문가가 될 수 있다.

오늘은 획기적인 영상 제작 및 편집 도구인 브루(Vrew)를 소개한다. 브루(Vrew)는 개인 크리에이터부터 중소상공인까지 누구나 쉽게 고품질의 영상을 제작해 브랜드 가치를 높일 수 있는 강력한 도구이다.

브루(Vrew)는 인공 지능을 활용한 영상 편집 프로그램으로 음성 인식을 통해 자막을 자동으로 생성한다. 특히 인공 지능을 사용해 보다 정확하게 음성을 인식하고, 음성이 없는 구간을 줄일 수 있으며, 자막의 글꼴과 크기 등의 편집 기능을 진행할 수 있다.

브루(Vrew)는 2022년 출시된 국내 최초 AI 기반 영상 제작 플랫폼으로 텍스트 입력, 음성 인식, AI 자동 편집 등의 혁신적인 기능을 제공해 전문 지식 없이도 누구나 손쉽게 영상을 만들 수 있도록 지원한다.

– 2024년 2월 7일 1.153.2 버전으로 최신 업데이트됐다.

- 2024년 3월 1.16 버전으로 다시 배포한다고 한다. 혁신적인 기능들이 더 추가될지 기대한다.

(1) 강점

- 누구나 쉽게 사용 가능 : 전문 지식 없이도 간편하게 영상 제작 가능
- 빠른 제작 시간 : AI 기술로 제작 시간을 획기적으로 단축
- 고품질 영상 : 전문가 수준의 고품질 영상 제작 가능
- 다양한 기능 : 템플릿, AI 캐릭터, 음성 합성, 번역 등 풍부한 기능 제공
- 저렴한 비용 : 무료 버전 제공, 유료 버전도 합리적인 가격

(2) 장점

- 브랜드 인지도 향상 : 고품질 영상 콘텐츠로 브랜드 인지도 높이기
- 고객 참여 유도 : 흥미로운 영상으로 고객 참여 유도 및 구매 촉진
- 브랜드 이미지 제고 : 전문적이고 일관된 영상으로 브랜드 이미지 제고
- 경쟁력 강화 : 차별화된 영상 마케팅 전략으로 경쟁력 확보
- 비용 절감 : 외부 제작사 비용 없이 자체 제작 가능

(3) 단점

- 일부 기능은 유료 버전에서만 제공
- AI 기술의 한계 : 완벽한 영상 제작은 어려울 수 있음
- 템플릿 디자인 다양성 부족

(4) 활용법

- 제품 홍보 : 제품 소개, 사용 방법, 고객 후기 영상 제작
- 서비스 홍보 : 서비스 설명, 이용 방법, 고객 성공 사례 영상 제작
- 브랜드 스토리 : 브랜드 가치, 비전, 차별점을 담은 영상 제작
- 교육 및 튜토리얼 : 교육 콘텐츠, 제품 사용 방법, 팁 영상 제작
- 이벤트 홍보 : 이벤트 정보, 참여 방법, 당첨자 발표 영상 제작
- 고객 후기 : 고객 만족도를 높이는 고객 후기 영상 제작

(5) 기대효과

– 브랜드 가치 상승 : 고품질 영상 콘텐츠로 브랜드 이미지 제고 및 가치 상승

– 고객 확보 : 흥미로운 영상 콘텐츠로 잠재 고객 유치 및 확보

– 매출 증대 : 효과적인 영상 마케팅으로 매출 증대

5) 5단계 실전 영상 편집

브루(Vrew)는 가상의 간편한 영상 제작 플랫폼이다. 사용자 친화적인 인터페이스와 다양한 템플릿을 제공해, 초보자도 쉽게 전문적인 영상을 만들 수 있다.

(1) 브루(Vrew) 활용 홍보 영상 제작 순서

① **계획 수립** : 대본과 스토리보드를 바탕으로 영상의 전반적인 구성을 계획한다.

② **소스 자료 준비** : 필요한 이미지와 비디오 클립을 준비한다.

③ **편집** : 브루를 사용해 자료들을 편집하고, 템플릿에 맞게 조합한다.

④ **피드백 받기** : 완성된 영상을 몇몇 사람에게 보여주고 피드백을 받습니다.

⑤ **최종 수정** : 피드백을 바탕으로 최종 수정을 진행하고 영상을 완성한다.

(2) 브루 제작 단계

① '브루(Vrew)' 검색 후 웹사이트 또는 앱, 마이크로소프트 엣지나 크롬, 네이버에서 편하게 검색이 가능하다.

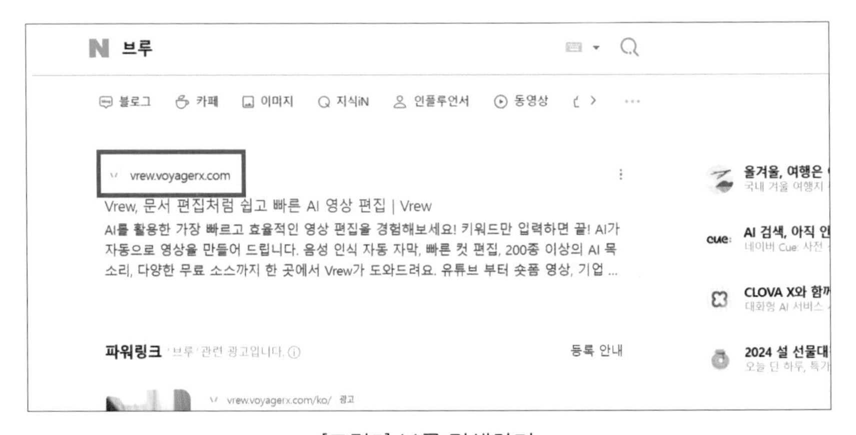

[그림5] 브루 검색하기

② 첫 화면이 나오면 다운로드 받고 회원가입한다.

[그림6] 다운로드

③ 브루(Vrew)의 각 부위 명칭을 알아본다. 브루(Vrew)는 인터페이스가 아주 직관적이어서 찬찬히 그림을 통해 메뉴를 익히는 것이 많은 도움이 될 것이다.

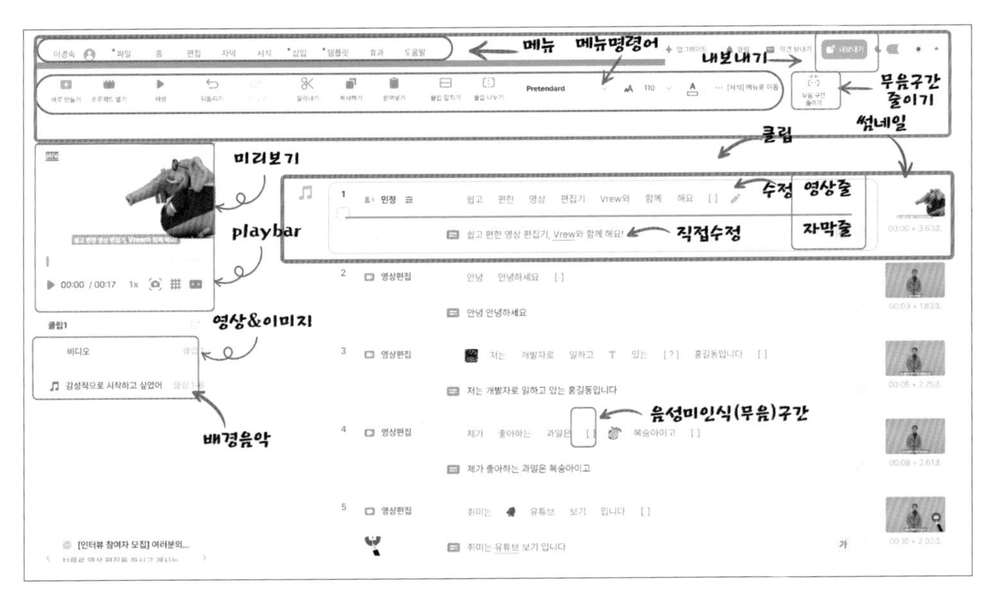

[그림7] 브루 화면구성

④ 브루에서 새 프로젝트를 시작한다. 좌측 상단의 '새로 만들기' 클릭한다.

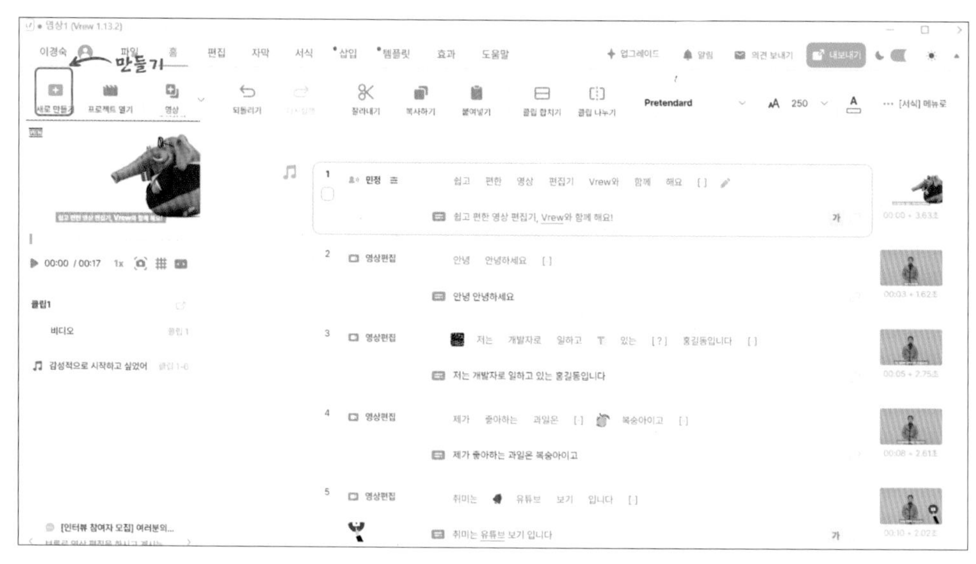

[그림8] 새로 만들기

⑤ PC에서 비디오·오디오 불러오기 혹은 텍스트로 비디오 만들기를 선택한다.

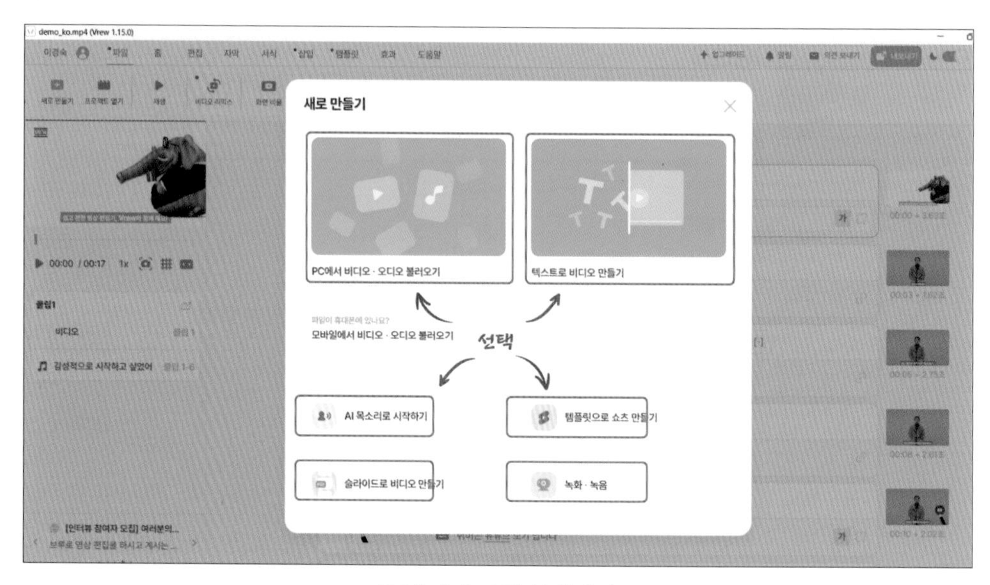

[그림9] 스타일 선택하기

⑥ 내가 필요한 SNS 매체 사이즈에 맞춰 선택하고 하단의 다음을 클릭한다.

[그림10] 영상 비율 선택하기

⑦ 내가 만들고자 하는 목적과 방향에 맞는 스타일을 고른 후 하단의 다음을 누른다.

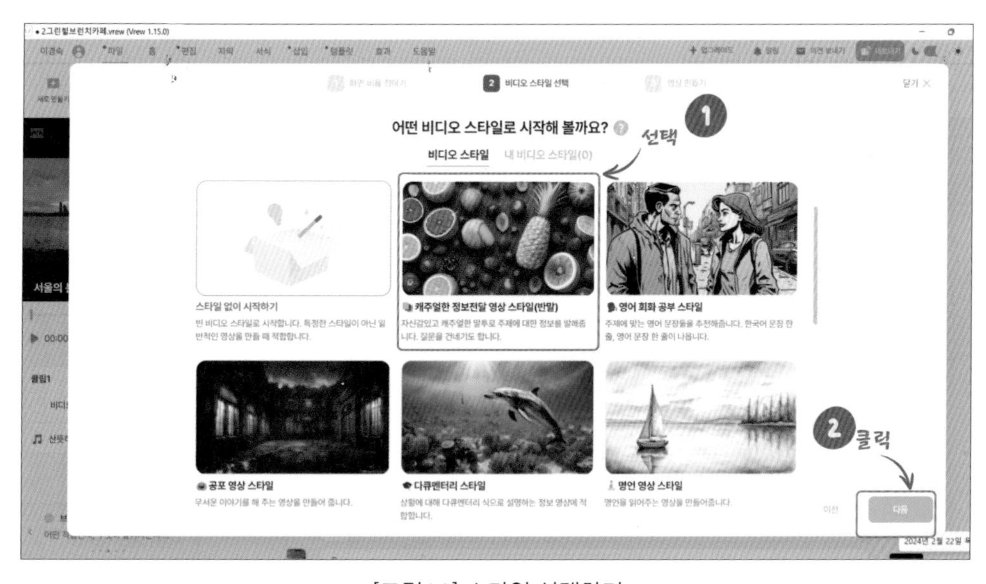

[그림11] 스타일 선택하기

⑧ 영상의 스타일을 골랐다면 바로 스타일 미리보기가 생성된다.

[그림12] 스타일 미리보기

⑨ 미리 챗GPT에서 카피라이팅하고 스크립트를 작성해 온 자료를 붙여 넣고 하단의 다음을 클릭한다.

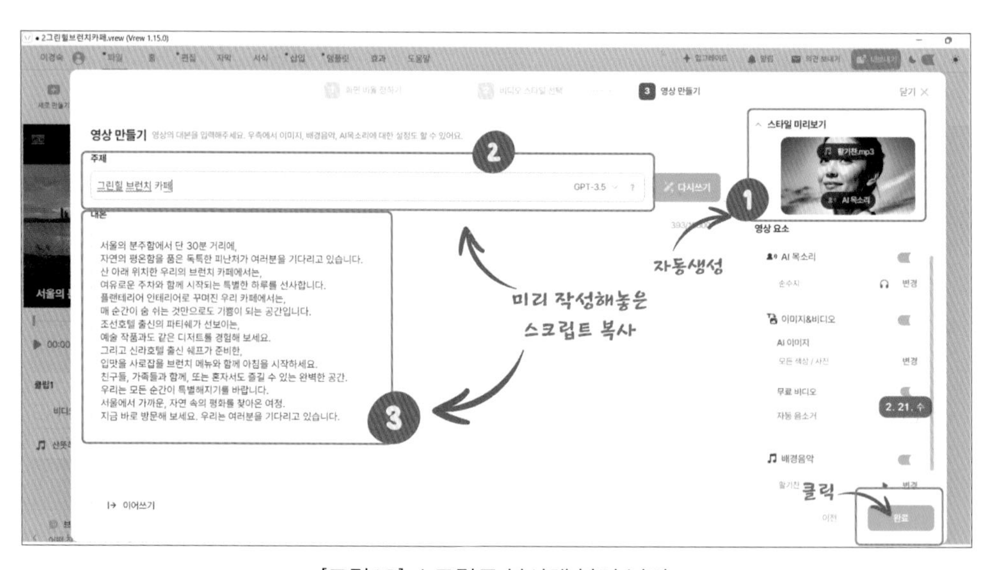

[그림13] 스크립트 복사해 붙여 넣기

⑩ 대본에 어울리는 이미지와 비디오를 생성하는 중이다.

[그림14] 영상 생성 중인 화면

⑪ 몇 초만 기다리면 왼쪽에는 영상 미리보기 패널과 오른쪽에 AI 오디오와 자막 클립이 생성됐다.

[그림15] 생성된 영상

⑫ 이번 영상에는 나레이션만 넣는 홍보 영상이기 때문에 목소리는 1명만을 선택하기 위해 전체 클립을 ctrl+A로 전체 선택 후 목소리 수정을 누른다.

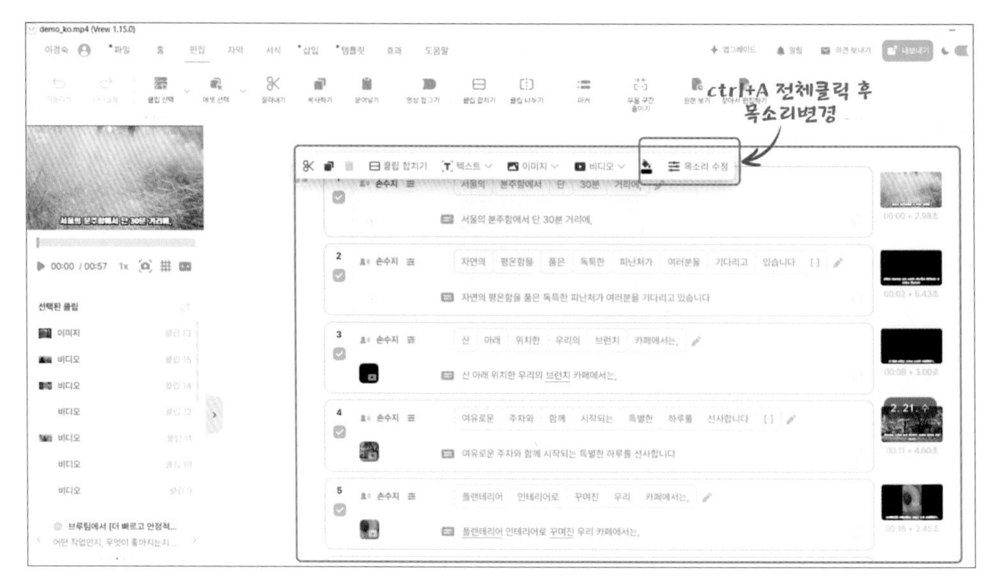

[그림16] 목소리 수정하기

⑬ 홍보 영상에 어울리는 목소리를 찾고 미리 듣기를 해본 후 마음에 들면 확인을 누른다.

[그림17] 목소리 선택하기

⑭ 대본 길이가 길면 클립을 분할 한다. 끊어 읽을 단어 앞에 커서를 두고 엔터를 누른다.

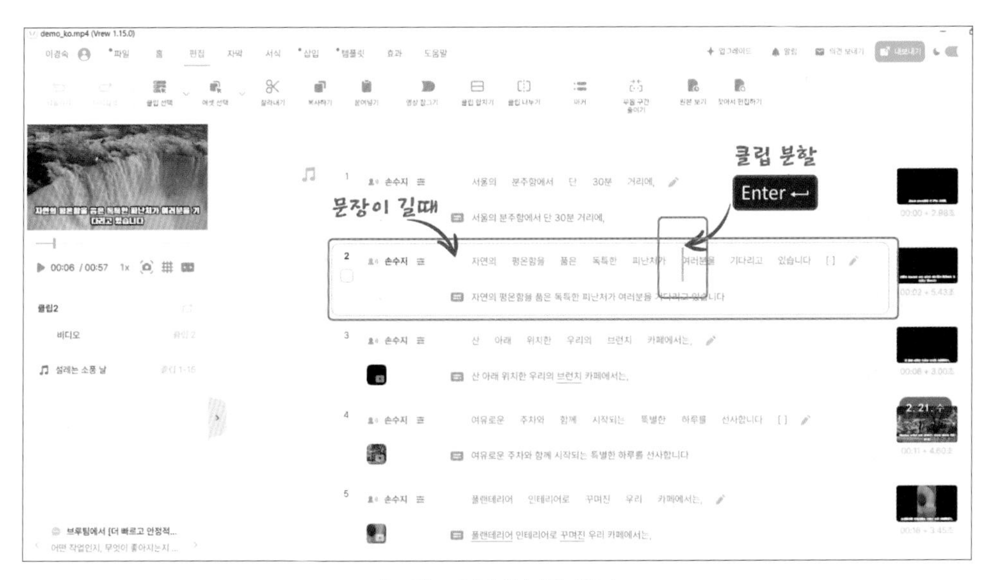

[그림18] 클립 분할 하기

⑮ 클립이 두 개로 분리됐다.

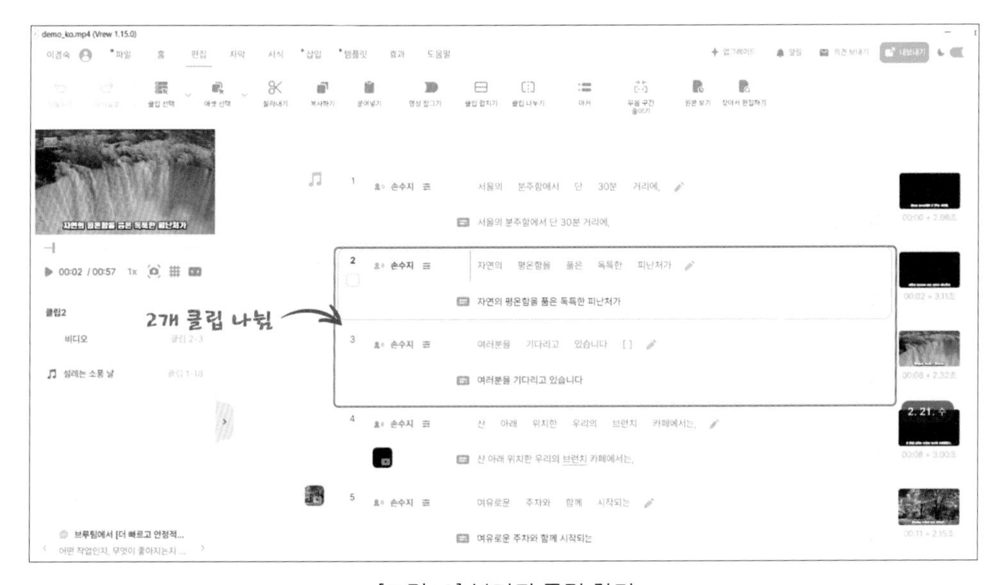

[그림19] 분리된 클립 화면

⑯ AI 성우의 더빙 한 문장이 끝나고 나면 여유를 주기 위해 빈 클립을 추가해 준다.

[그림20] 빈 클립 추가하기

⑰ 여러 클립 중 빈 클립을 선택한다.

[그림21] 필요한 빈 클립 선택하기

⑱ 미리보기 창은 까맣고 클립 한 개가 생성이 됐다. 시간은 5초이다. 필요에 따라 3초나 2초만을 하기도 한다.

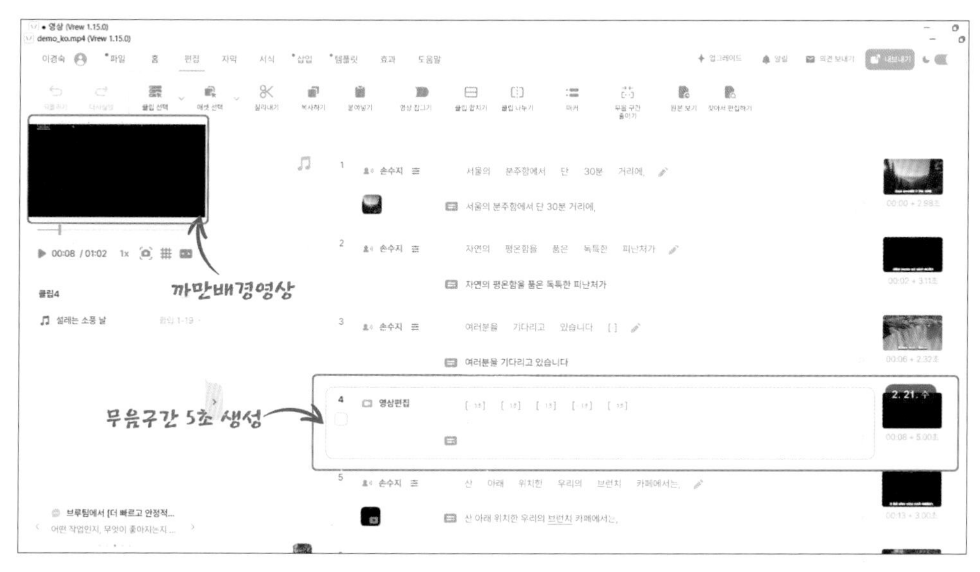

[그림22] 생성된 빈 클립

⑲ 일정 클립만을 확인하고자 할 때는 커서 키를 ①번에 두고 'tab 키'를 누르면 해당 구간만 [ ] 대괄호가 생기면서 해당 구간만 음성을 들을 수가 있다. 커서 키를 ②번에 두고 'space 바'를 누르면 전체 재생이 돼 끝까지 들을 수 있다. 왼쪽 이미지 창과 해당 클립의 내용이 어울리지 않는다면 영상 가운데에 커서를 대면 교체를 할 수 있다.

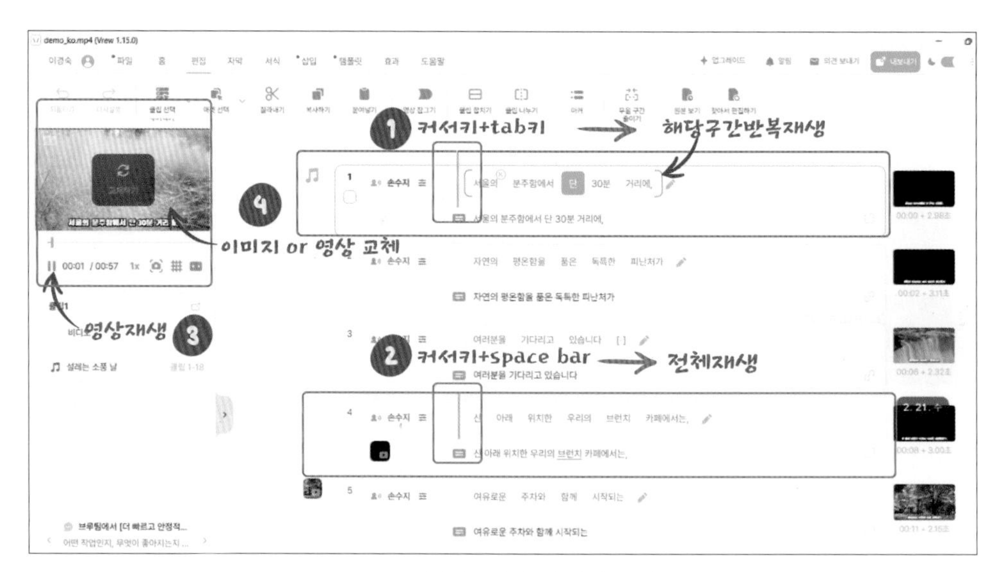

[그림23] 클립 확인 및 영상 교체

⑳ 긴 문장이 이미지가 제대로 된 이미지를 제공하지 않았을 때 얻고자 하는 단어나 간단한 문장을 넣거나 내 파일에서 불러와서 쓰면 된다.

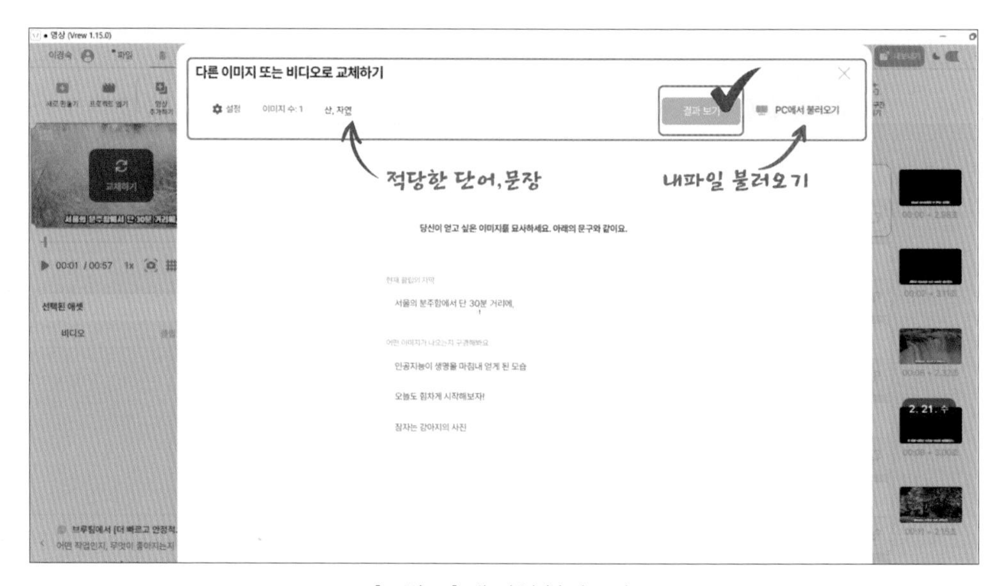

[그림24] 내 파일 불러오기

㉑ 어울리는 이미지를 생성하는 동안 오른쪽에 무료 이미지와 영상도 제공한다.

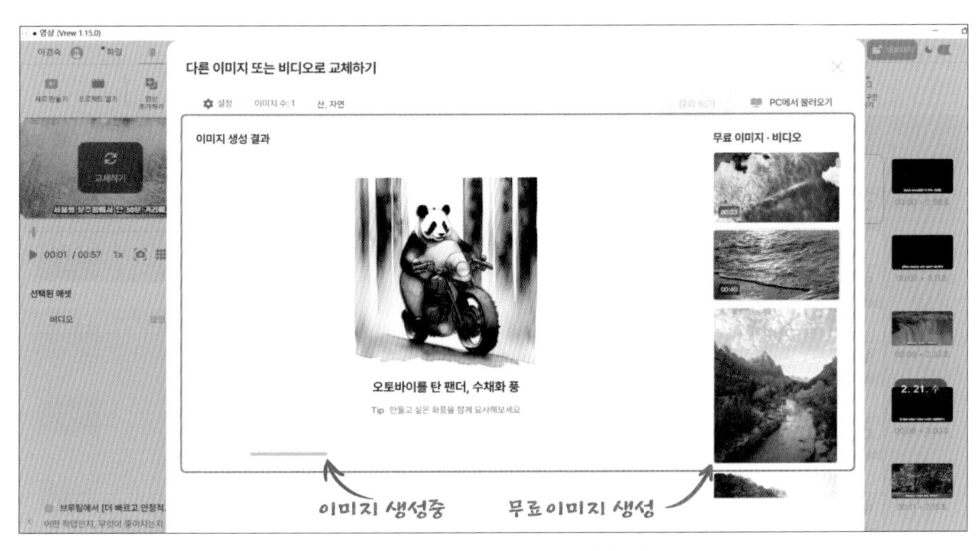

[그림25] 이미지 생성 중인 화면

㉒ 결과보기를 클릭해 원하는 이미지가 나왔다면 다운로드를 하거나 이미지 가운데를 더블클릭해 이미지를 교체한다.

[그림26] 다른 이미지 또는 비디오 교체하기

㉓ 영상 전체듣기를 한다.

[그림27] 전체듣기

㉔ 마지막으로 브루(Vrew) 워터마크를 클릭해 클립마다 삭제해 준다.

[그림28] 워터마크 삭제하기

㉕ 워터마크가 없어진 영상의 미리보기를 확인한다. AI 성우가 읽을 영상 대본 줄 앞머리에 무음 구간을 복사해 매 클립마다 넣어준다. 마지막으로 편집이 다 됐다면 내보내기를 한다. mp4를 선택한다.

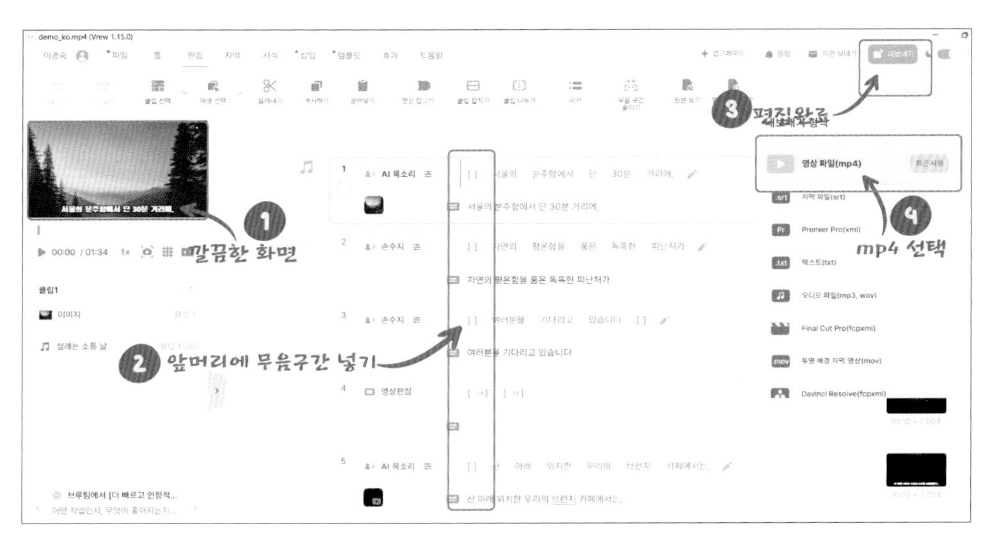

[그림29] 내보내기

㉖ 동영상 내보내기에서 해상도와 화질도 확인하고 마지막 내보내기를 한다.

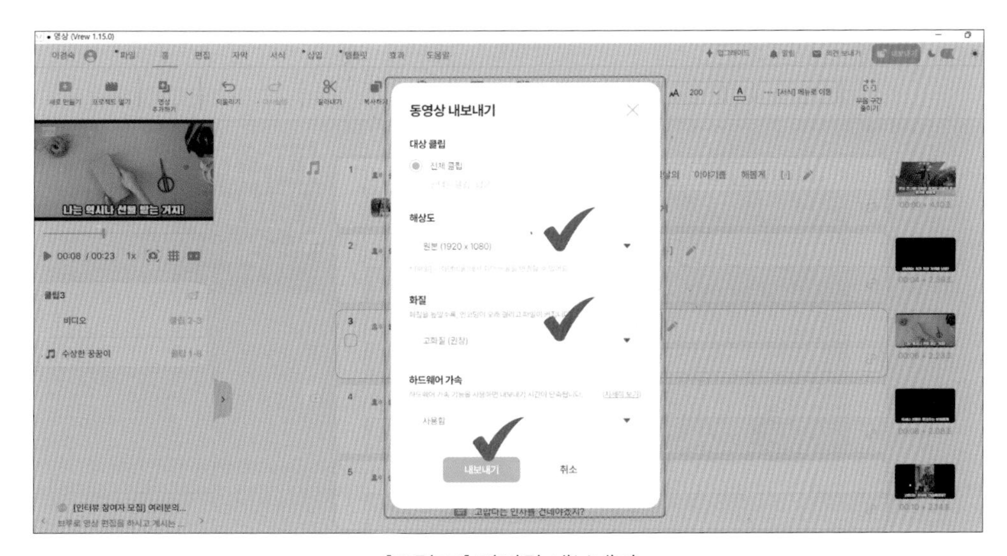

[그림30] 마지막 내보내기

㉗ 마지막으로 영상 출력 후 파일이름을 저장한다.

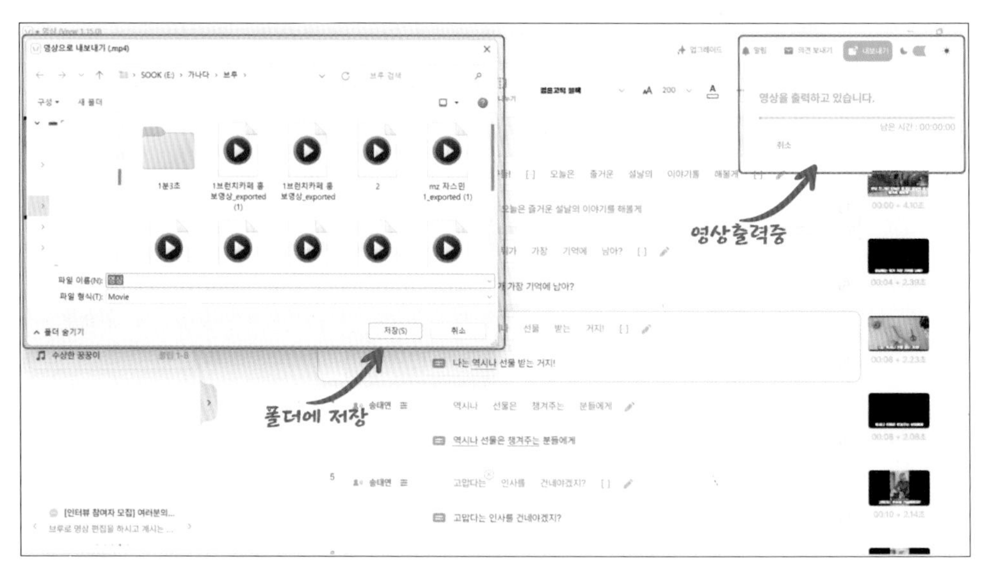

[그림31] 출력한 파일이름 저장하기

다음은 완성된 '그린힐 브런치 카페' 홍보 영상이다.

[그림32] #vrew로 가게 홍보 영상 만들기(그린힐 브런치 카페) #대박예감 (http://gg.gg/195h30)

그린힐 브런치 카페 홍보 영상이 완성됐다.

*무료 버전에서는 브루(Vrew) 워터마크가 지워지지 않는다. 유료 버전에서만 가능하다.

영상 제작은 처음에는 복잡해 보일 수 있지만, 이러한 단계별 접근 방식을 통해 쉽게 접근할 수 있다. AI 편집 도구와 사용자 친화적인 플랫폼 덕분에 이제 누구나 멋진 홍보 영상을 만들 수 있다.

6) 6단계 공유 및 분석

드디어 여러분의 홍보 영상이 준비됐다! 이제 이 영상을 세상에 공유하고, 사람들의 반응을 보며 더욱 개선해 나가는 단계이다. 이 과정은 당신의 브랜드가 어떻게 인식되고 있는지를 이해하고 더 나은 커뮤니케이션 전략을 수립하는 데 중요하다.

7) 7단계 영상 올리기 & 홍보하기

(1) 적절한 플랫폼 선택

당신의 타깃 오디언스가 활동하는 플랫폼에 영상을 업로드하자. 예를 들어 젊은 층이 주 타깃이라면 인스타그램이나 틱톡이 좋은 선택일 수 있다.

(2) SEO 최적화

검색 엔진에서 쉽게 찾을 수 있도록 영상 제목, 설명, 태그에 관련 키워드를 포함시킨다.

(3) 소셜 미디어 활용

영상 링크를 소셜 미디어 채널에 공유하고 관련 커뮤니티나 그룹에도 소개해 더 많은 시청자를 유도하자.

8) 8단계 피드백 받고 개선하기

(1) 시청자 반응 분석

댓글, 좋아요, 공유 횟수 등을 통해 시청자들의 반응을 확인하라. 이는 영상이 잘 작동하고 있는지, 어떤 부분이 호응을 얻었는지를 이해하는 데 도움이 된다.

(2) 통계 데이터 활용

YouTube Analytics와 같은 도구를 사용해 시청자의 연령, 성별, 지리적 위치, 시청 시간 등을 분석하라. 이 데이터는 타깃 오디언스에 대한 더 깊은 이해를 제공하고 향후 콘텐츠 전략을 개선하는 데 유용하다.

(3) 지속적인 개선

받은 피드백을 바탕으로 영상 콘텐츠를 지속적으로 개선하라. 예를 들어 시청자들이 특정 부분에서 관심을 잃는다면 그 부분을 더 매력적으로 만드는 방법을 고민해 볼 수 있다.

9) 실제 사례로 살펴보기

사례 1〉 한 카페는 소셜 미디어를 통해 자신들의 신메뉴를 소개하는 영상을 공유했다. 시청자들의 댓글을 통해 가장 인기 있는 메뉴를 파악하고, 그 메뉴를 중심으로 추가 홍보 활동을 전개했다.

사례 2〉 한 스타트업은 자사 제품을 사용하는 방법을 소개하는 영상을 업로드했다. 데이터 분석을 통해 대부분 시청자가 중간에 영상을 떠난다는 것을 알게 됐고, 이를 바탕으로 영상을 더 짧고 간결하게 수정해 재 업로드 했다. 결과적으로 전체 시청 시간과 참여도가 크게 증가했다.

영상을 공유하고 분석하는 과정은 당신의 브랜드가 시청자와 어떻게 소통해야 할지, 무엇이 잘 작동하는지를 이해하는 데 중요하다. 이 과정을 통해 당신의 홍보 영상은 지속적으로 발전할 것이다.

5. 당신의 이야기를 세상에 전하자

여행의 끝에 도달했다. 그리고 이제 당신은 준비가 됐다. 이 여정을 통해 우리는 아이디어에서 시작해 대본 작성, 촬영, 편집, 그리고 마지막으로 공유와 분석에 이르기까지 기업 홍보 영상을 만드는 과정을 걸어왔다. 그리고 이 모든 과정에서 AI의 힘을 빌려, 일련의 작업들을 간소화하고 효율적으로 만드는 방법을 배웠다.

이제 당신의 차례이다. 당신만의 이야기를 담은 홍보 영상을 통해 브랜드의 메시지를 세상에 전하자. 기억하자. 영상은 단순히 제품이나 서비스를 소개하는 것 이상이다. 그것은 당신의 브랜드가 가진 독특한 이야기와 가치를 전달하는 강력한 수단이다.

1) 당신의 이야기를 전하는 힘

(1) 개인화

당신의 브랜드가 가진 독특한 이야기와 가치를 강조하라. 사람들은 개인적인 연결고리를 찾는다.

(2) 감정적인 연결

영상을 통해 감정을 전달하라. 사람들은 정보보다는 감정을 통해 기억하고 행동하게 된다.

(3) 창의력

AI 기술을 활용해 창의적인 아이디어를 실현하자. 무한한 가능성을 탐색하고, 당신만의 스타일을 찾아보자.

2) 실제 사례로 살펴보기

사례 1〉 한 소규모 빵집은 자신들의 가족 이야기와 빵 만드는 과정을 담은 영상을 공유했다. 이 영상은 지역 사회에서 큰 반향을 일으켰고, 빵집은 지역 명소가 됐다.

사례 2〉 환경을 생각하는 스타트업은 자신들의 제품이 어떻게 지구를 좀 더 나은 곳으로 만드는지 보여주는 영상을 만들었다. 이 영상은 전 세계적으로 공유됐고, 큰 영향력을 발휘했다.

이처럼 당신의 이야기를 세상에 전하는 것은 단순히 홍보를 넘어, 브랜드와 고객 간의 강력한 연결을 만들어 낼 수 있다. AI와 함께라면 이 모든 과정이 더 쉽고 효율적이다. 따라서 두려워하지 말고 첫걸음을 내딛기를 바란다. 당신의 이야기가 세상을 변화시킬 수 있다.

결론적으로, 처음 시작하는 기업 홍보, 생성형 AI로 뚝딱! '챗GPT+VREW'는 당신이 당신의 브랜드 이야기를 효과적으로 전달하고, 세상과 소통할 수 있는 길을 안내한다. 이제 당신의 창의력과 AI의 힘을 결합해 놀라운 홍보 영상을 만들어 보라. 세상은 당신의 이야기를 기다리고 있다.

Epilogue

여정의 끝에서 우리는 다시 만났다. 이 책을 통해 여러분이 어떤 발견을 했는지, 어떤 영감을 받았는지 궁금하다. '처음 시작하는 기업 홍보 영상: 생성형 AI, 챗GPT와 함께라면 쉬워요'의 페이지들은 여러분이 자신의 이야기를 세상에 전하는 데 필요한 지식과 용기와 영감을 제공하기 위해 정성스레 준비했다.

이 책을 마치며, 필자는 여러분 각자가 자신의 목소리로 세상에 긍정적인 영향을 미칠 수 있는 무한한 잠재력을 갖고 있다고 믿어 의심치 않는다. 생성형 AI와 챗GPT를 동반자로, 여러분의 창의력과 열정이 결합 돼 어떤 아름다운 결과를 낳을 수 있는지 상상하는 것만으로도 가슴이 벅차다.

이제 여러분의 차례이다. 여러분의 이야기를 세상에 펼쳐 보이자. 두려움과 의심을 뒤로 하고, 여러분이 꿈꾸는 미래를 향해 한 발짝 내디뎌 보라. 필자와 이 책이 여러분의 인생에 작은 빛이 됐다면 그것으로 충분하다. 여러분의 성공을 기원한다.

진심을 담아, 여러분의 여정을 응원하며.

8

기업 홍보, 이제는 D-ID로!

이 차 순

제8장

기업 홍보, 이제는 D-ID로!

Prologue

현대 사회에서 기술의 발전은 단순히 새로운 도구를 제공하는 것을 넘어 우리의 생각과 행동 방식을 근본적으로 변화시키고 있다. 인공 지능(AI) 기술은 이러한 변화의 최전선에서 있으며 특히 D-ID 같은 혁신적인 플랫폼은 우리가 상호작용하고 소통하며 창조하는 방식에 새로운 시대를 열고 있다.

'기업 홍보, 이제는 D-ID로!' 에서는 독자 여러분에게 'D-ID' 기술의 잠재력을 최대한 발휘 할수 있는 방법을 소개하고자 한다. 이 기술이 처음 소개됐을 때 많은 이들은 그것이 가져올 변화의 폭과 깊이를 짐작조차 할 수 없었다. 하지만 오늘날 D-ID는 마케팅, 교육, 엔터테인먼트, 심지어 개인적인 소통에 이르기까지 다양한 영역에서 그 가치를 입증하고 있다.

'기업 홍보, 이제는 D-ID로!'는 단순히 기술의 사용법을 안내하는 것을 넘어 우리가 커뮤니케이션하고 정보를 전달하는 방식을 재창조하는 새로운 차원의 도구이다. 이 기술을 통해 기업은 브랜드 메시지를 개인화하고 고객 경험을 극대화하며 궁극적으로 시장에서의 경쟁 우위를 확보할 수 있게 될 것이다. D-ID가 개인의 창의력과 기업의 비즈니스 전략에 어떤 새로운 기회를 제공하는지 살펴보자.

이 책을 통해 독자 여러분이 D-ID 기술을 보다 효과적으로 이해하고 활용할 수 있기를 바라며 D-ID가 여는 무한한 가능성의 세계를 탐험해 보시길 바란다.

1. D-ID란?

1) D-ID 플랫폼 소개

D-ID는 'Deep Learning Identification'의 약자로, 인공 지능(AI) 기술을 활용해 정적인 이미지에서 인물의 얼굴을 식별하고, 이를 기반으로 해당 인물의 얼굴을 움직이는 것처럼 보이게 하는 데 사용된다. 이 기술은 '딥러닝'과 '컴퓨터 비전' 기술을 기반으로 해, 정적인 이미지를 생동감 있는 비디오로 변환하는 등 다양한 형태의 디지털 콘텐츠 생성을 가능하게 한다.

• 딥러닝

딥러닝은 인간의 뇌가 작동하는 방식을 모방한 인공 신경망을 기반으로 한 기계 학습의 한 형태이다. 이를 통해 컴퓨터는 대량의 데이터에서 패턴을 학습하고, 이를 기반으로 예측이나 결정을 내릴 수 있다. D-ID에서 딥러닝은 주로 얼굴의 특징을 인식하고 분석하는 데 사용된다. 예를 들어 사람의 눈, 코, 입과 같은 얼굴 특징을 학습하고 이 정보를 사용해 정적 이미지에서 얼굴을 동적으로 움직이게 하는 비디오를 생성한다.

• 컴퓨터 비전

컴퓨터 비전은 컴퓨터가 이미지나 비디오를 통해 세상을 '보고' 이해할 수 있게 하는 기술이다. 이는 객체 인식, 이미지 분류, 패턴 인식 등 다양한 작업을 포함한다. D-ID에서 컴퓨터 비전은 이미지 속에서 인물의 얼굴을 정확히 식별하고, 얼굴의 각 부위를 구분해 각각을 어떻게 움직여야 할지 결정하는 데 중요한 역할을 한다.

• 이미지를 비디오로 변환하는 과정

D-ID는 위에서 설명한 기술들을 활용해 다음과 같은 과정을 거쳐 이미지를 비디오로 변환한다.

① **얼굴 인식** : 컴퓨터 비전을 사용해 이미지 속 인물의 얼굴을 정확히 식별한다.

② **특징 분석** : 딥러닝 알고리즘을 활용해 얼굴의 특징(예 : 눈, 코, 입의 위치와 모양)을 분석한다.

③ **애니메이션 생성** : 학습된 데이터와 알고리즘을 기반으로 얼굴이 자연스럽게 움직이는 것처럼 보이는 애니메이션을 생성한다. 이때 얼굴 표정 변화, 입 모양 변화 등이 포함될 수 있다.

④ **합성 및 최종 출력** : 생성된 애니메이션을 원본 이미지와 합성해 최종 비디오를 생성한다. 이 비디오는 자연스러운 움직임과 표정 변화를 보여준다.

2) D-ID의 주요 특징

(1) 얼굴 애니메이션 및 합성 기술

D-ID는 고급 딥러닝 알고리즘을 사용해 정적인 사진 속 얼굴을 실시간으로 움직이는 비디오로 변환할 수 있는 기능을 제공한다. 이는 사용자가 생성한 콘텐츠에 생동감을 더해주며, 가상의 인물을 실감 나게 표현할 수 있게 한다.

(2) 개인화된 콘텐츠 생성

사용자의 사진이나 몇 가지 기본 정보만으로 개인에게 맞춤화된 비디오 메시지나 디지털 아바타를 생성할 수 있다. 이는 마케팅, 교육, 엔터테인먼트 등 다양한 분야에서 고객 경험을 개인화하는 데 활용될 수 있다.

(3) 높은 접근성 및 사용 용이성

D-ID 플랫폼은 사용자 친화적 인터페이스를 제공하며 복잡한 기술 지식이 없어도 누구나 쉽게 접근하고 사용할 수 있도록 설계됐다. 이는 기술의 장벽을 낮추고 다양한 사용자층에게 도달할 수 있게 한다.

(4) 보안 및 프라이버시 보호

D-ID는 사용자의 개인정보 보호와 데이터 보안을 최우선으로 고려한다. 이는 AI 생성 콘텐츠를 활용하는 과정에서 발생할 수 있는 프라이버시 문제와 윤리적 우려를 최소화하기 위한 조치로 사용자 데이터의 안전성을 보장한다.

(5) 다양한 응용 분야

D-ID의 기술은 마케팅, 교육, 엔터테인먼트, 고객 서비스 등 광범위한 분야에 걸쳐 응용될 수 있다. 특히 개인화된 콘텐츠 제작, 교육 자료 개선, 인터랙티브 광고, 가상 이벤트 호스팅 등에서 그 가치를 발휘하며 새로운 사용자 경험을 창출한다.

D-ID는 이러한 특징을 바탕으로 현대 디지털 환경에서 커뮤니케이션과 콘텐츠 생성의 새로운 기준을 제시하고 있으며 기술의 미래 방향성에 중요한 영향을 미치고 있다.

2. D-ID 시작하기

1) 구글 계정으로 간편 로그인

[그림1]과 같이 구글 검색 창에 영문으로 'D-ID'를 입력한다. 주소는 https://www.d-id.com/ 이다.

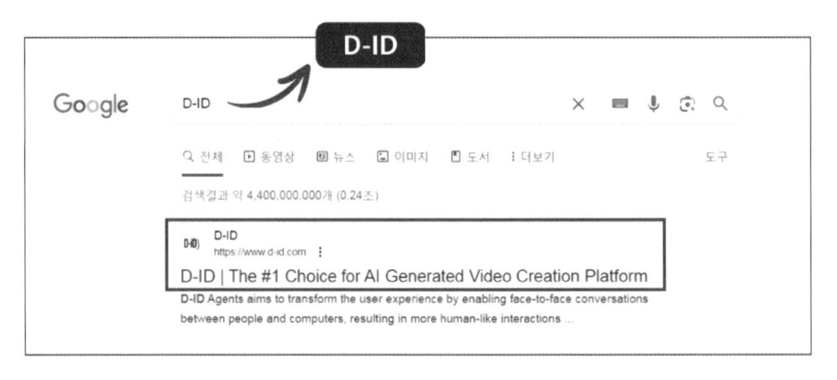

[그림1] 구글에서 'D-ID' 검색

① 회원가입 없이 무료 체험을 원할 시 'START FREE TRIAL(무료평가판)'를 선택하고, ② 회원가입이 돼 있다면 'Login(로그인)'을 클릭한다.

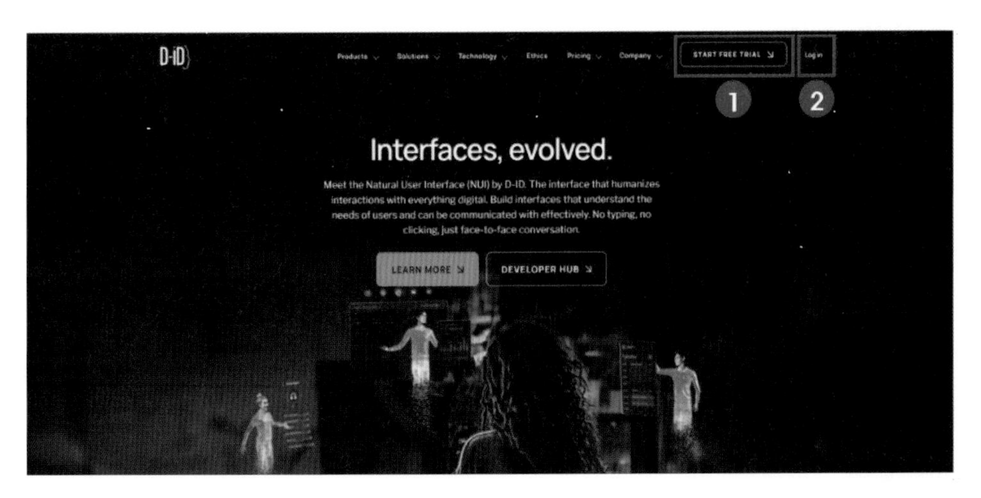

[그림2] D-ID플랫폼 입장하기

① 플랫폼 왼쪽 하단 'Guest'를 클릭 후 Login(로그인)한다.
② '구글 계정'을 선택 후 'Continue(계속하기)'를 누른다.
③ 계정을 선택한다.

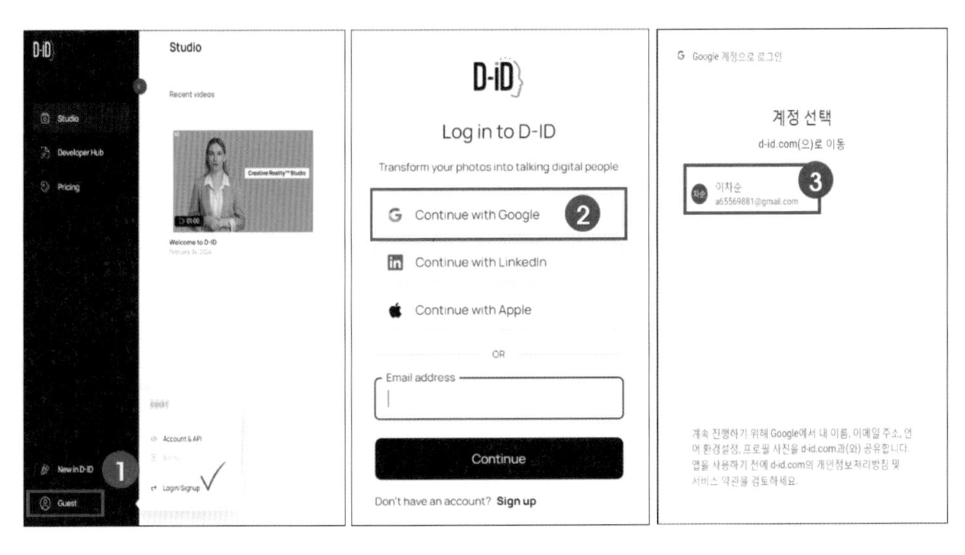

[그림3] 구글 계정으로 로그인하기

2) 홈 화면 소개

① 회원가입을 하면 14일간 최대 5분 분량의 영상을 만들 수 있는 20credits이 주어진다. 단, 14일이 지나면 무료 혜택은 사라진다.

② Upgrade 또는 Pricing을 클릭하면 사용요금을 확인 할 수 있다.

③ +Create video 눌러 말하는 아바타 영상을 만들 수 있다.

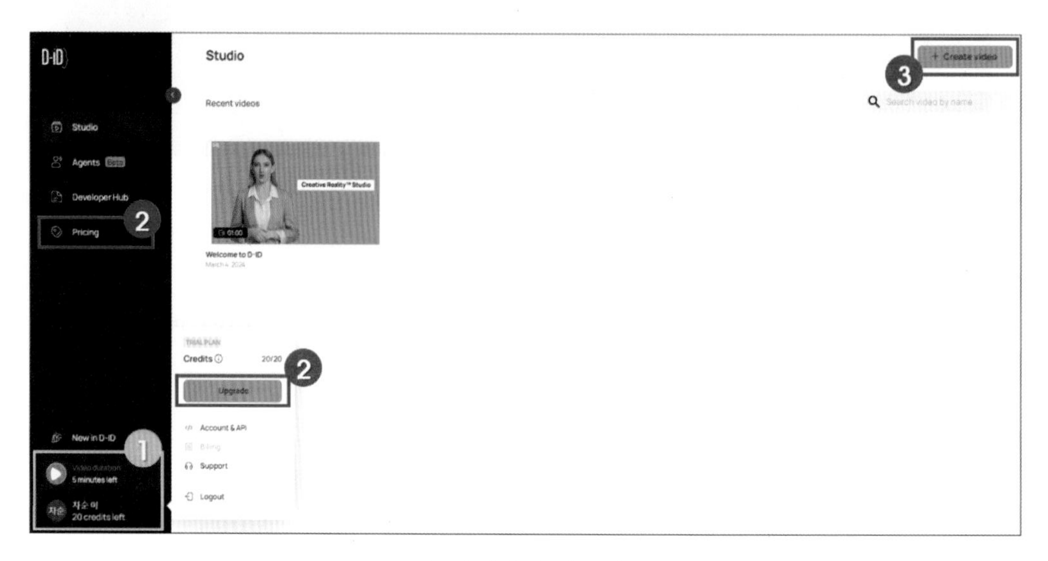

[그림4] 홈 화면 구성

3) 요금제 비교

사용료는 [월 결제 또는 년 결제] 중에서 선택할 수 있고, 요금제별 할인이 적용된다.

① 요금제별 제공되는 동영상 길이(분)를 보여준다.

② 요금제별 제공되는 크레딧을 보여준다. '1크레딧'는 '최대 15초'이다.

③ 요금제별 영상의 배경에 나타나는 워터마크 표시 기준을 보여준다.

④ 워터마크 모양을 보여준다.

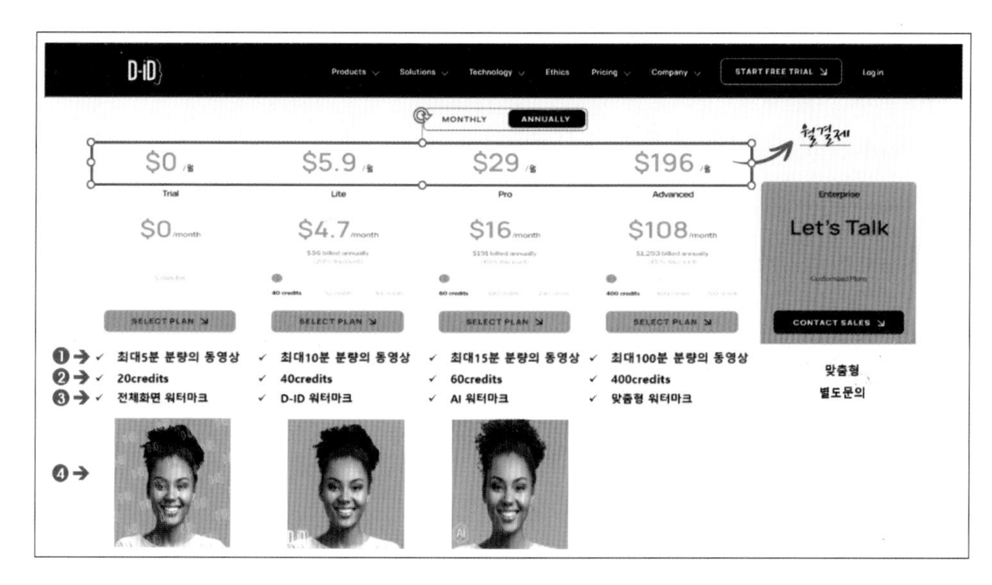

[그림5] 사용 요금별 제공 혜택 비교

3. DID 영상 만들기

앞의 [그림4]에서 우측 상단의 ③ Create video를 클릭한다.

1) 작업 창 구성

* 영어가 어려울 경우 화면 오른쪽 상단에 '영어/한국어 번역기'를 사용하기 바란다. 본문에서는 영어와 한국어를 혼합해 사용하기로 한다.

① '발표자 선택' 창으로 D-ID에서 제공하는 아바타를 선택할 수 있다. HQ는 유료이다. 우측 스크롤바를 내리거나 '모두 보기'를 해 무료 아바타를 선택할 수 있다.
② 'AI 발표자 생성' 창으로 D-ID에서 제공하는 AI 아바타를 선택하거나, 직접 프롬프트를 입력해 AI 아바타를 만들 수 있다.
③ 내 PC에서 이미지를 가져올 수 있다.
④ 제목을 넣는다.
⑤ 스크립트를 입력한다.

⑥ 언어를 선택한다.
⑦ 음성을 선택한다.
⑧ Generate video(비디오를 생성)를 선택한다.
⑨ 스크립트를 입력할 수 있다. / 오디오 파일을 업로드할 수 있다.
⑩ 미리듣기 / 쉼(0.5초) / AI가 스크립트를 보충해서 작성해 준다(영어).

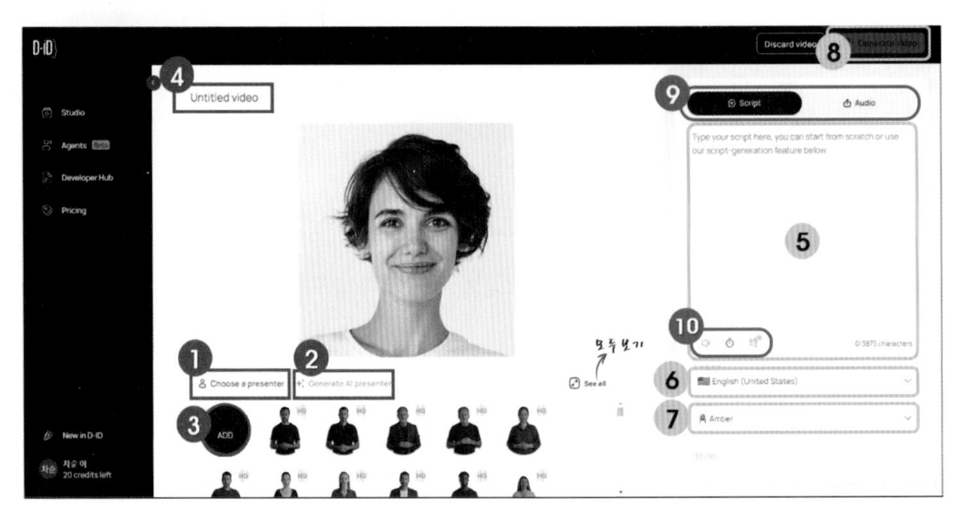

[그림6] 작업 창 구성

2) '스크립트'로 영상 만들기

'발표자 생성' 메뉴에서 원하는 아바타를 선택한다.

① 스크립트 메뉴를 선택한다.
② 스크립트를 입력한다.
③ 언어를 선택한다.
④ 음성을 선택한다.
⑤ 미리듣기로 확인한다 / '쉼'이 필요한 부분이 있다면 시계 모양을 클릭한다.
⑥ '비디오 생성'을 클릭한다.
⑦ '생성하다'를 클릭한다.
⑧ 생성된 영상을 확인할 수 있다.

[그림7] 스크립트로 영상 만들기

3) '오디오'로 영상 만들기

자신의 음성을 녹음하거나, 더빙 플랫폼을 통해 생성한 음성을 업로드해 영상을 만들 수 있다. 발표자 생성 메뉴에서 원하는 아바타를 선택한다.

① 오디오를 선택한다.
② 나만의 오디오 업로드를 클릭한다.
③ 내 PC에 있는 음성파일을 업로드한다.
④ '비디오 생성'을 클릭한다.
⑤ '생성하다'를 클릭한다.
⑥ 생성된 영상을 확인할 수 있다.

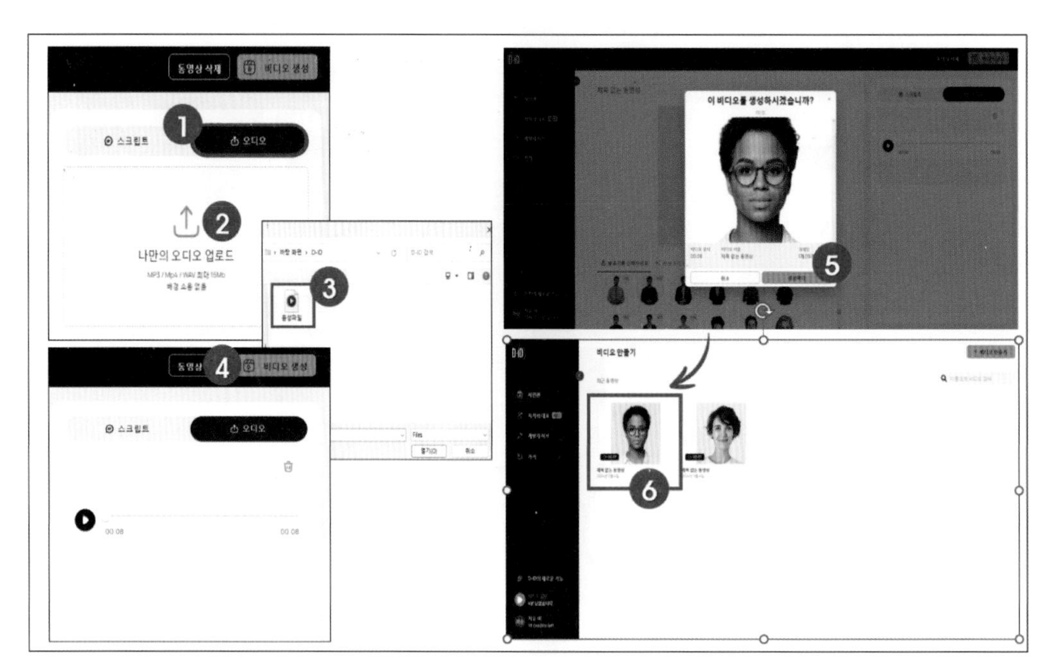

[그림8] 오디오로 영상 만들기

4) '내 사진'으로 영상 만들기

내 PC에 있는 사진을 업로드해 영상을 만들 수 있다.

① '만들다'를 클릭한다.

② 내 PC에 있는 사진 파일을 업로드한다.

③ 선택한 사진이 업로드된다.

*스크립트 또는 오디오로 영상 만들기와 동일한 방식으로 진행하면 된다.

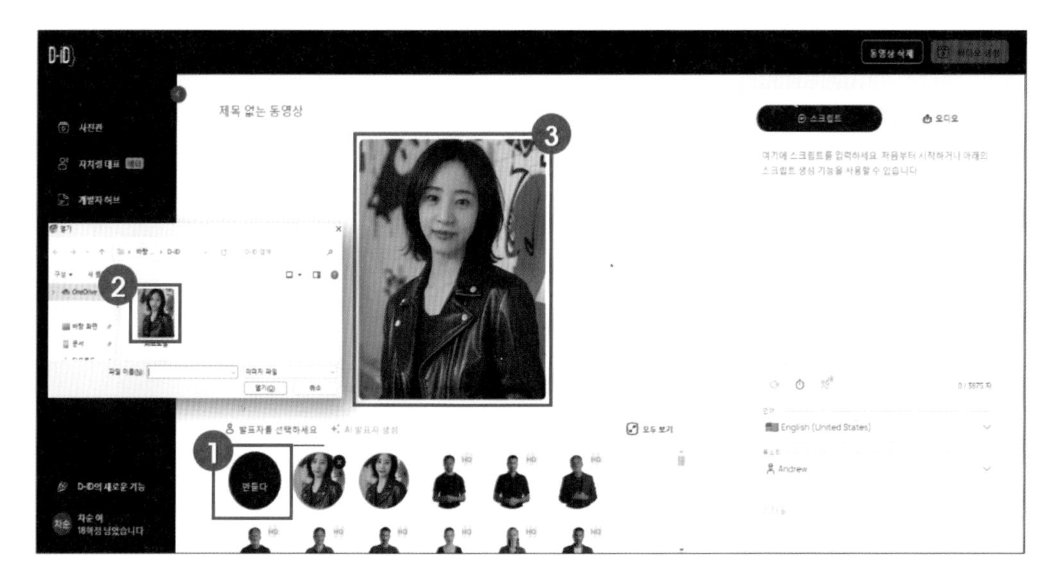

[그림9] 내 PC에서 이미지 가져오기

5) 'AI 아바타'로 영상 만들기

① AI 발표자 생성 메뉴에서 원하는 아바타를 선택한다.

*스크립트 또는 오디오로 영상 만들기와 동일한 방식으로 진행하면 된다.

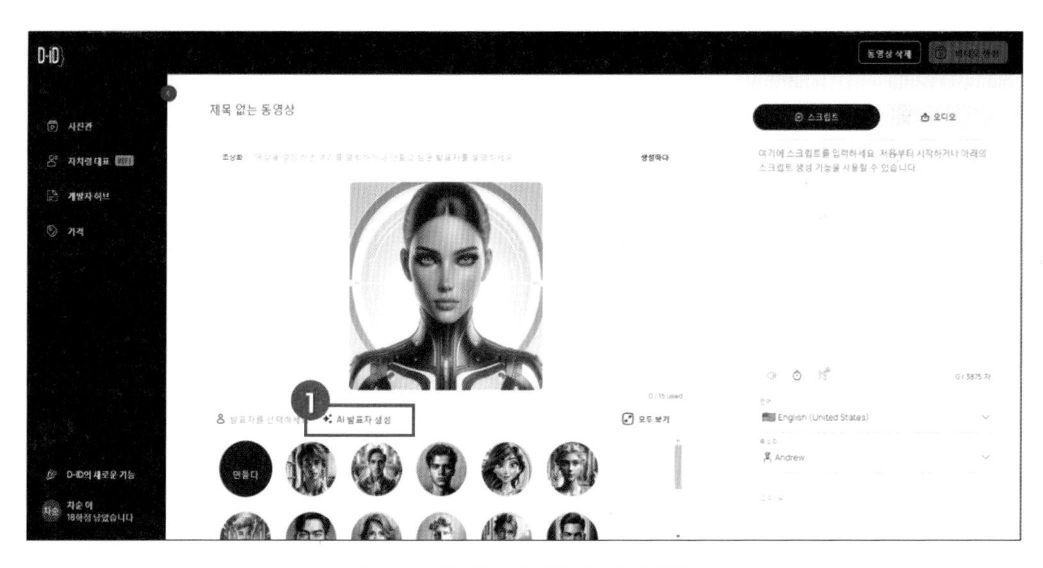

[그림10] 기본 'AI 아바타'로 영상 만들기

6) '내가 만든 AI 아바타'로 영상 만들기

원하는 이미지의 프롬프트를 입력해 나만의 아바타를 직접 만들 수도 있다. 초보자라면 ①의 프롬프트 예시를 참고하기 바란다. 단, 프롬프트 입력은 영어만 가능하다.

예시가 한글로 번역돼 보이더라도 선택 시 영어로 입력된다. 예시 중 원하는 프롬프트가 있다면 선택해서 연습해 보는 것도 좋다. 사용자가 원하는 이미지가 있으나 영어입력이 어렵다면 번역기를 활용해 입력하면 된다.

① 프롬프트 예시

② 프롬프트 입력창(영어만 가능)

*스크립트 또는 오디오로 영상 만들기와 동일한 방식으로 진행하면 된다.

[그림11] 'AI 아바타' 생성 프롬프트 예시

간단한 프롬프트를 입력해 '나만의 AI 아바타'를 만들어 보자. '짧은 헤어스타일, 도시적인 이미지, 젊은 한국 여성, 정면 응시'라는 한글을 영어로 번역해 프롬프트 창에 입력해 보았다.

① 프롬프트를 입력한다.
② '생성하다'를 클릭한다.
③ 4개의 생성된 아바타를 보여준다. '생성하기'를 클릭할 때마다 새로운 아바타가 생성된다.
④ 원하는 아바타에 커서를 이동하면 '갤러리에 추가' 버튼이 나온다. 클릭!

[그림12] '나만의 AI 아바타' 만들기

앞서 설명한 바와 같이, 스크립트 창에서 ① 프롬프트 입력 ② 언어 선택 ③ 음성 선택 ④ 미리듣기 ⑤ 비디오 생성 순으로 진행하면 된다.

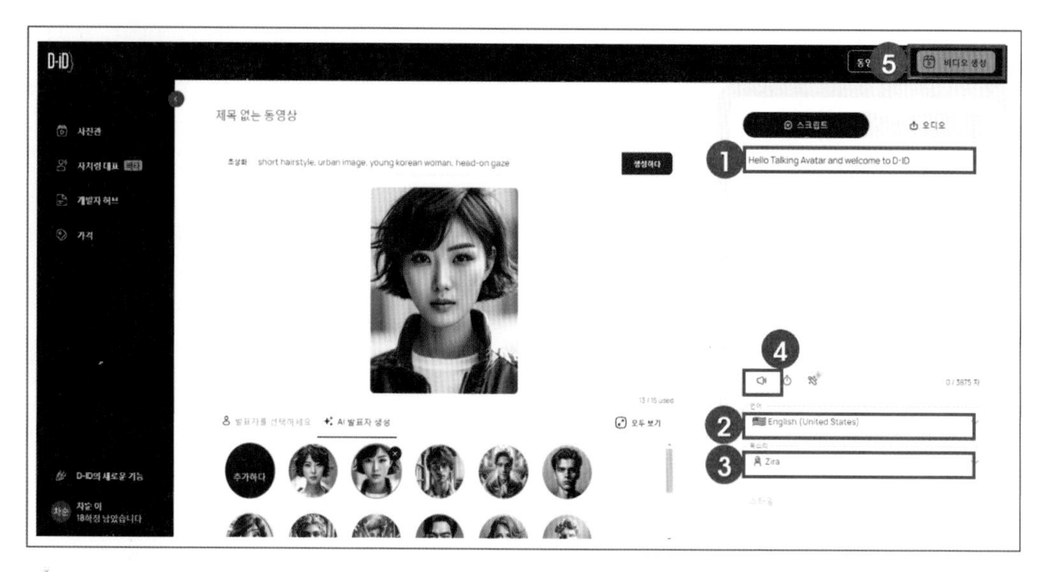

[그림13] '나만의 AI 아바타' 만들기

7) 생성된 영상 확인하기

① 앞서 만든 아바타 영상들은 'Studio'창에서 확인 할 수 있다.

② 영상 우측 상단 점 3개를 누르면 '링크복사, 공유, 이름바꾸기, 다운로드, 삭제'를 할 수 있다.

[그림14] 생성된 영상 확인 및 공유

4. D-ID를 활용한 기업 홍보

1) 개인화된 비디오 메시징

D-ID 기술을 활용해 고객의 이름이나 관심사에 맞춰 개인화된 홍보 비디오를 생성할 수 있다. 이를 통해 고객에게 더 깊은 인상을 주고 브랜드에 대한 개인적인 연결감을 구축할 수 있다.

개인화된 비디오 메시징을 위한 스크립트를 작성할 때, 목표는 수신자가 메시지를 직접적이고 개인적으로 말해주는 것처럼 느끼게 하는 것이다. 이를 위해서는 수신자의 이름, 관심사, 행동 또는 구매 이력과 같은 개인적인 정보를 활용해 메시지를 맞춤화하는 것이 중요하다.

다음은 D-ID 기술을 활용한 개인화된 비디오 메시징을 위한 예시 스크립트이다.

✓ **예시 스크립트: 개인화된 홍보 비디오**

- **시작 부분: 인사말과 개인화된 소개**

안녕하세요, [고객 이름]님!
저희 [브랜드 이름]에서 보내드리는 특별한 메시지에 귀 기울여 주셔서 감사합니다.
[고객 이름]님의 [관심사/최근 구매/이벤트 참여]에 기반해,
저희가 준비한 몇 가지 흥미로운 소식을 공유하고자 합니다.

- **중간 부분: 관심사에 맞춘 제품 또는 서비스 소개**

저희가 최근에 출시한 [제품/서비스 이름]에 대해 들어보셨나요?
[고객 관심사]에 특히 관심이 많으신 [고객 이름]님께 완벽한 매치가 될 것 같아요.
[제품/서비스]는 [제품의 특징/서비스의 이점]으로,
바로 [고객 이름]님의 필요를 충족시키기에 이상적입니다.

- **특별 제안 또는 할인 정보 제공**

그리고 [고객 이름]님을 위한 특별한 제안이 있습니다.
오늘 비디오를 보신 모든 분들께만 제공되는 [할인율]% 할인 코드를 제공해 드리고자 합니다.
[할인 코드]를 사용하시면, [제품/서비스]를 특별 가격에 만나보실 수 있어요.

- **마무리: 감사 인사 및 추가 정보 안내**

[고객 이름]님, 바쁘신 와중에도 시간을 내어 저희 메시지를 들어주셔서 진심으로 감사드립니다.
[제품/서비스]에 대한 더 자세한 정보나,
이번 제안을 활용하는 방법에 대해 궁금하신 점이 있다면
언제든지 저희 웹사이트를 방문하시거나, 직접 연락주시면 됩니다.
[고객 이름]님의 행복한 하루 되시길 바랍니다. 감사합니다!

[그림15] 스크립트 예시

이 스크립트는 D-ID 기술을 활용해 비디오 형식으로 제작될 때, 고객 개개인에게 맞춤화된 경험을 제공할 수 있다. 고객의 이름, 관심사, 행동 패턴에 따라 콘텐츠를 조정함으로써, 브랜드와 고객 사이의 개인적인 연결감을 강화할 수 있다.

2) 개인화된 고객 응대

D-ID의 기술을 활용해 개인화된 비디오 메시지나 고객 응대용 디지털 아바타를 생성할 수 있다. 이를 통해 고객 서비스를 자동화하고, 고객 경험을 향상시킬 수 있다.

3) 가상의 브랜드 대사 생성

기업은 D-ID를 사용해 가상의 브랜드 대사나 마스코트를 만들어 다양한 마케팅 캠페인과 소셜 미디어에서 활용할 수 있다. 이 가상 인물은 브랜드의 메시지를 전달하고 고객과의 상호작용을 통해 관심을 유도할 수 있다.

*브랜드 대사 : 브랜드 등을 대표해 공식적인 메시지를 전달하거나 의견을 나타내는 사람이나 가상의 캐릭터로, 기업이나 제품을 대표해 홍보 활동을 수행하는 역할을 한다.

4) 인터랙티브 광고 캠페인

D-ID 기술을 활용해 만든 가상 인물이나 애니메이션 캐릭터를 이용해 인터랙티브 광고 캠페인을 진행한다. 사용자가 광고 내용에 직접 참여하고 상호작용하면서 브랜드 경험을 더욱 풍부하게 할 수 있다.

5) 실시간 이벤트 및 웨비나(온라인으로 진행되는 콘퍼런스나 세미나) 호스팅

D-ID 기술로 생성된 디지털 아바타를 사용해 실시간 이벤트나 웨비나를 호스트팅 할 수 있다. 이는 특히 원격 근무와 온라인 이벤트가 증가하는 추세에서 기업이 대중과 소통하는 새로운 방법을 제공한다.

6) 교육 및 트레이닝 자료 개선

기업은 D-ID를 이용해 교육 및 트레이닝 자료를 개선할 수 있다. 가상 인물이나 아바타를 통해 복잡한 개념을 설명하거나, 신제품 사용법을 보여주는 등 직원 교육 및 고객 안내에 새로운 차원의 경험을 제공할 수 있다.

7) 문서 및 비디오 번역

다양한 언어로 된 문서나 비디오를 제작할 때, D-ID 기술을 활용해 자동으로 번역된 음성과 매칭되는 입 모양이나 표정을 가진 아바타를 생성할 수 있다. 이는 다국어 지원이 필요한 글로벌 비즈니스에 특히 유용할 수 있다.

Epilogue

이 책을 통해, 단순히 새로운 기술을 소개하는 것을 넘어, 그 기술이 어떻게 기업의 브랜딩과 마케팅 전략을 근본적으로 변화시킬 수 있는지를 알아봤다.

D-ID 기술이 만들어 낸 개인화된 비디오 메시징, 가상의 브랜드 대사, 실시간 이벤트 호스팅, 그리고 교육 및 훈련 자료의 혁신은 모두 기업이 소비자와의 관계를 강화하고 더 깊은 연결을 구축하는 데 결정적인 역할을 한다.

이 기술의 장에서 우리는 두 가지 중요한 교훈을 얻는다.
첫째, 기술은 끊임없이 발전하며, 이러한 발전은 기업이 마케팅 전략을 어떻게 구상하고 실행하는지에 지속적인 영향을 미친다.
둘째, 인간적인 접촉과 개인화의 가치는 기술이 아무리 발전해도 변하지 않는 마케팅의 핵심 요소이다.

D-ID 기술은 이 두 요소를 결합해 기업이 고객과의 소통 방식을 혁신적으로 개선할 수 있는 기회를 제공한다. 하지만 기술의 사용은 항상 책임감을 동반해야 한다.

우리는 개인의 프라이버시를 존중하고, 윤리적인 경계 내에서 기술을 활용해야 한다. 또한 기술이 가져오는 변화를 수용하면서도 그것이 우리의 인간성을 향상시키고 더 나은 소통과 이해를 가능하게 하는 방향으로 사용돼야 한다.

'기업 홍보, 이제는 D-ID로!'라는 여정을 마무리하며, 이 기술이 미래의 마케팅 전략에 어떤 영향을 미칠지 그리고 우리가 어떻게 더 창의적이고 윤리적인 방식으로 그것을 활용할 수 있을지에 대한 논의는 계속될 것이다.

변화하는 세계에서 한 걸음 앞서 나가기 위해 우리는 계속해서 배우고, 적응하고, 혁신해야 한다. D-ID 기술이 열어준 무한한 가능성의 세계에서 여러분의 브랜드가 어떻게 빛날지 상상하는 것으로 이 여정을 마친다.

Gamma app으로 업무 효율 극대화하기

최 정 숙

제9장
Gamma app으로 업무 효율 극대화하기

Prologue

트렌드코리아 2024에서 2024년 현대 사회의 가장 큰 특성을 '분초사회(Don't Waste a Single Second: Time-Efficient Society)'라고 이름지었다. 1분 1초가 아까운 세상이란다. 시간이 돈만큼 혹은 돈보다 더 중요한 자원으로 변모하면서 시간의 가성비가 중요해졌다. 단지 바빠서가 아니라 소유 경제에서 경험 경제로 이행하면서 요즘 사람들은 볼 것, 할 것, 즐길 것이 너무 많아져 시간이 항상 부족함을 느끼고 있다. 그런데 이 귀중한 시간을 엄청나게 줄여주는 업무 효율화 프로그램으로 요즘 가장 각광을 받고 있는 것이 바로 'Gamma app'이다.

우리는 지금 정보의 홍수 속에서 살아가고 있으며 이는 업무 환경에 있어서도 예외가 아니다. 하루가 다르게 변화하는 비즈니스 트렌드와 기술의 발전 속에서 업무 효율성은 더 이상 선택이 아닌 필수 조건이 됐다. 이러한 시대적 요구에 부응하기 위해 우리는 'Gamma app'이라는 혁신적인 도구를 필두로 새로운 업무 문화를 만들어 나가고 있다. 'Gamma app으로 업무 효율 극대화하기'는 이러한 변화의 물결을 타고자 하는 모든 이들을 위한 지침서이다.

본 책은 Gamma app의 다양한 기능을 심층적으로 탐구하며 이를 업무에 효과적으로 적용하는 방법을 제시한다. Gamma app이 제공하는 개요와 기능부터 시작해 문서 작성, 프레젠테이션 제작, 웹페이지 구축에 이르기까지 단계별로 사용자가 경험할 수 있는 최적의 경로를 안내한다. 이 책을 통해 Gamma app의 잠재력을 최대한 활용해 업무의 효율성과 창의성을 극대화하는 방법을 배우게 될 것이다.

또한 이 책은 Gamma app을 활용해 업무 프로세스를 혁신하는 데 있어 필요한 전략적 사고와 실제 적용 사례를 제공한다. 우리는 실제 업무 현장에서 Gamma app이 어떻게 변화를 이끌어냈는지 그리고 이러한 변화가 개인과 조직에 어떤 긍정적인 영향을 미쳤는지를 살펴보고자 한다. 독자들은 이를 통해 자신의 업무에 Gamma app을 어떻게 적용할 수 있을지에 대한 영감을 얻을 수 있을 것이다.

이 책은 단순히 Gamma app의 사용법을 안내하는 것을 넘어 업무 효율을 극대화하기 위한 새로운 사고방식과 접근법을 제시한다. 우리는 Gamma app이라는 도구를 통해 정보를 더욱 효과적으로 관리하고 생각을 더욱 창의적으로 전개하며 결과를 더욱 전문적으로 제시할 수 있다. 'Gamma app으로 업무 효율 극대화하기'는 이러한 가능성을 실현하기 위한 첫 걸음이다.

지금부터 Gamma app과 함께하는 여정을 통해 여러분의 업무방식을 혁신하고, 생산성을 새로운 차원으로 끌어올리자. 우리가 제시하는 전략과 팁을 활용해 업무에 있어서의 진정한 변화를 경험해 보자.

1. Gamma app 이란?

'Gamma app(GammaApp)'이란 AI를 기반으로 PPT, 워드, 웹페이지 등의 문서 작성을 지원하는 서비스다. 즉 Gamma app은 사용자가 제공하는 내용을 기반으로 파워포인트(PowerPoint) 프레젠테이션, 문서, 웹페이지 등 다양한 형식의 출력물을 자동으로 생성하는 고급 기술이다. 이 기능의 목적은 정보를 요약하고 시각적으로 매력적이며 사용자가 의도하는 메시지를 효과적으로 전달할 수 있는 콘텐츠를 만드는 데 있다. 여기에는 몇 가지 핵심 단계와 기술적인 측면이 포함된다.

1) 내용 분석 및 요약

Gamma app은 제공된 텍스트, 이미지, 데이터 등의 내용을 분석해 중요한 정보를 식별하고 요약한다. 이 과정에서 인공 지능(AI) 기술을 활용해 내용의 핵심 주제와 아이디어를 파악한다.

2) 레이아웃 및 디자인 생성

분석된 내용을 바탕으로 프로그램은 사용자가 선택한 출력 형식(예: 파워포인트, 문서, 웹페이지)에 적합한 레이아웃과 디자인 템플릿을 자동으로 생성한다. 이 단계에서 사용자의 선호도와 목적에 맞는 시각적 요소와 구조를 선택하는 AI 알고리즘이 사용된다.

3) 사용자 맞춤화

사용자는 생성된 출력물을 추가로 맞춤화할 수 있다. 이는 텍스트 편집, 이미지 추가 또는 변경, 레이아웃 조정 등이 포함된다. Gamma app은 사용자 입력을 쉽게 할 수 있는 인터페이스를 제공해 이 과정을 지원한다.

4) 최종 결과물 출력

모든 편집과 맞춤화 작업이 완료되면 Gamma app은 최종 출력물을 생성해 사용자에게 제공한다. 이때 고품질의 프레젠테이션, 문서, 웹페이지 등이 사용자의 요구사항에 맞게 제공된다.

Gamma app을 활용하면 시간과 노력을 크게 절약하면서도 전문적이고 매력적인 콘텐츠를 쉽게 생성할 수 있다. 이 기능은 특히 정보를 효과적으로 전달하고자 하는 비즈니스 프레젠테이션, 교육 자료, 웹 콘텐츠 개발 등 다양한 분야에서 유용하게 사용될 수 있다.

[그림1] Gamma app 홈 화면

2. Gamma app의 장점

Gamma app의 장점은 다음과 같다.

- AI가 제안하는 가이드에 따라 문서 자동 생성이 가능하다.
- 다양한 템플릿과 디자인 요소를 제공한다.
- 쉽고 빠르게 프로페셔널한 슬라이드 제작이 가능하다.
- 웹 브라우저에서 작업할 수 있어 별도의 소프트웨어 설치나 업데이트가 필요하지 않다.
- 클라우드 저장 기능을 통해 언제 어디서나 접속하고 수정이 가능하다.
- 공유 링크를 통해 다른 사람들과 쉽게 협업하고 피드백을 받을 수 있다.

3. Gamma app 설치 및 가입

1) 설치 방법

구글에서 Gamma app을 검색하고 검색된 사이트를 클릭한다.

[그림2] 구글로 Gamma app 검색하기

2) 구글(google) ID로 간편 가입

구글 아이디만 있으면 클릭 두세 번으로 간편 가입이 된다. 메인 화면에서 'Sign up for free(무료 회원 가입)'를 클릭한다.

[그림3] Gamma app 메인 화면(무료 가입하기)

구글로 계속하기를 클릭한다.

[그림4] 구글로 가입

다음과 같은 창이 나타나면 팀 또는 회사용인지, 개인용인지 선택하고 작업 공간 이름을 입력한 후 '작업 공간 만들기'를 누른다.

[그림5] 작업 공간 이름 정하기

'본인에 관한 정보를 알려달라고 나오면 질문에 따라 응답한 후 하단의 '시작하다' 버튼을 누른다.

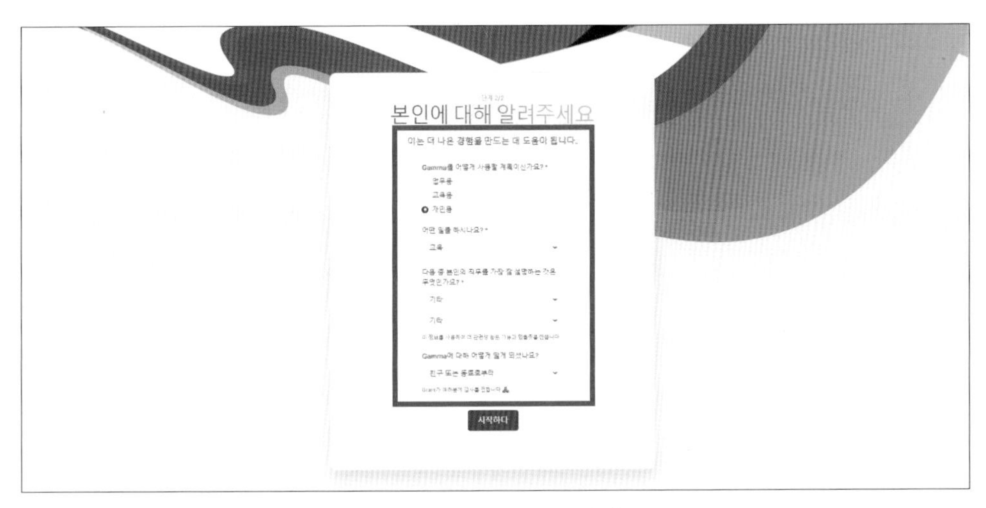

[그림6] 사용자 정보 입력

3) 타 이메일 주소로 가입하기

구글 ID가 없는 경우 타사 이메일 주소로 가입이 가능하다. 현재 사용하고 있는 이메일 주소를 입력 후 인증 메일을 수신한 뒤 이메일에 표기된 링크를 클릭하면 새로운 계정을 만들 수 있다.

[그림7] 타 메일 주소로 가입하기

4) 로그인하기

회원 가입이 완료됐다면 로그인해 앱으로 들어간다.

[그림8] 로그인 화면

4. 가격 정책

1) 가격 종류

무료, Plus, Pro 버전 세 가지가 있고, 각각의 서비스는 [그림9]와 같다.

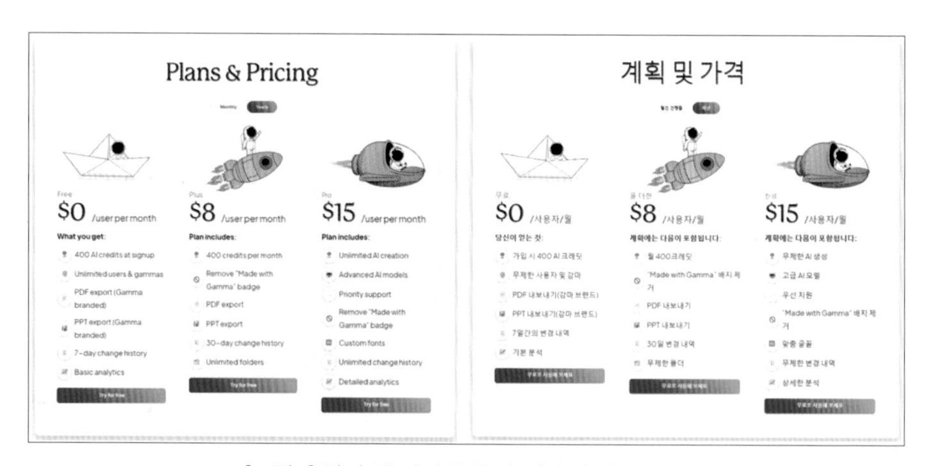

[그림9] 감마 앱 가격 종류와 세부 서비스 내용

2) Gamma app 크레딧

첫 가입 시에 400크레딧이 무료로 제공된다. AI를 사용해 PPT, 문서, 웹페이지 중 하나를 생성하는 데 40크레딧이 소모되고, 생성된 카드를 수정하거나 추가로 카드를 생성할 때마다 10 크레딧이 소모된다.

친구 추천을 하면 친구와 추천자에게 각각 200 크레딧의 추가 크레딧을 주기 때문에 친구 추천으로 가입을 권한다. 처음 가입하는 사람의 경우 추천 링크로 가입하는 것이 유리하다.

5. Gamma app 기본 사용법

지금부터 Gamma app 사용법에 대해 하나씩 자세히 알아보도록 하겠다.

1) Gamma app 활용해 프레젠테이션 초안 만들기

(1) 'New(영어버전)'나 '새로 만들기(한글버전)'

로그인 메인 화면에서 'New(영어버전)' 버튼이나 '새로 만들기(한글버전)'을 클릭한다. 필자는 Pro 버전을 사용하고 있어서 이름 아래 Pro라고 쓰여 있고, 폴더를 만들어 놓았기 때문에 생성된 폴더의 종류가 보인다. 처음 가입자들은 화면 대시보드에 녹색 부분만 보인다.

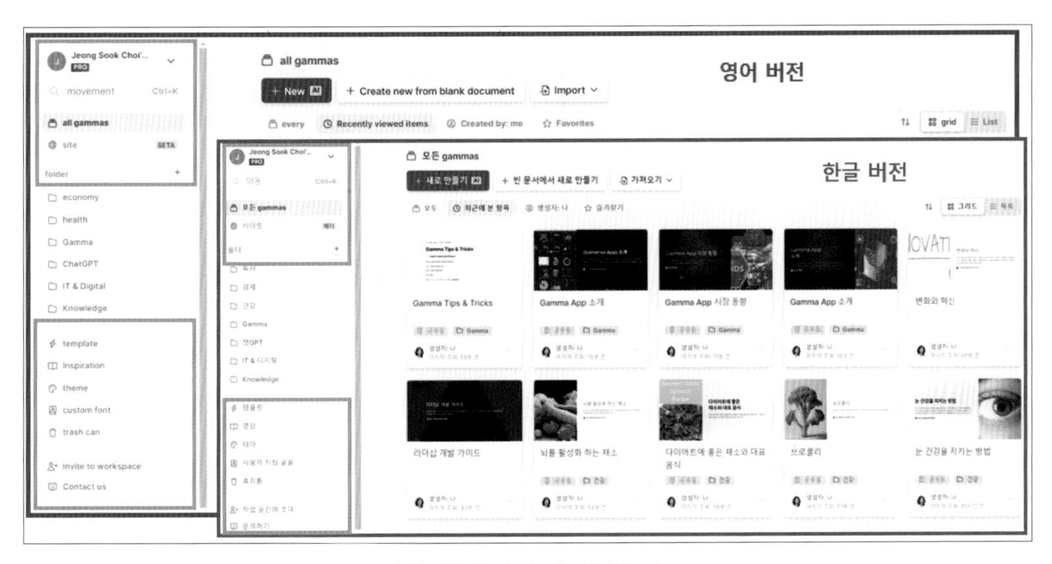

[그림10] 가입 후 초기 화면

(2) AI로 만드는 방법

AI로 만드는 방법은 '텍스트로 붙여넣기', '생성', '파일 가져오기' 세 가지 방법이 있다.

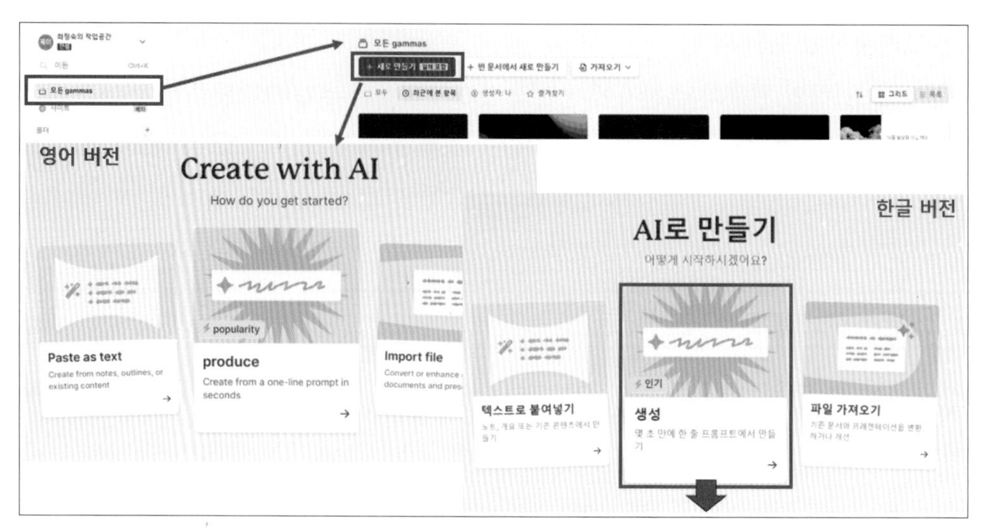

[그림11] AI로 만드는 3가지 방법

'텍스트로 붙여넣기(Paste as text)'는 챗GPT로 생성한 텍스트나, 작성해 놓은 텍스트를 넣어주면 AI가 내용을 약간 수정하면서 원하는 자료(프레젠테이션, 문서, 웹페이지)를 만들어 주는 방법이다. 내가 본론(본문)에 넣고자 하는 것을 확실하게 넣을 수 있는 장점이 있다.

'생성(Produce)'은 주제 제목만 넣으면 AI가 본문 내용을 모두 AI로 모두 자동 생성해서 자료를 만드는 방법이다. 따라서 생성하고자 하는 자료의 주제를 정확하고 분명하게 넣어주는 것이 아주 중요하다. 그렇지 않으면 아주 엉뚱한 내용으로 자료를 구성해 주는 경우가 있다.

'파일 가져오기(Imporet file)'는 구글 슬라이드, 구글 문서, 파워포인트, Word 문서 등에 있는 자료를 업로드 시키면 AI가 텍스트만 추출하여 자료를 만들어 주는 방법이다.

여기서는 '생성(produce)'으로 실습하고자 한다.

(3) 파일 형식 선택하기

'생성(produce)'에서는 프레젠테이션, 문서, 웹페이지 세 가지를 생성할 수 있으므로 원하는 파일 형식을 선택하면 된다.

'프레젠테이션'은 텍스트와 다양한 이미지가 함께 들어 있는 PPT를 생성하는 것이고 '문서'는 이미지가 거의 없이 텍스트로 이뤄진 문서를 만드는 방법이며 '웹페이지'는 홈페이지 형식의 문서를 만드는 방법이다.

참고로 만약 웹페이지를 만들고 싶으면 위에서 웹페이지를 선택하고 거기에 맞는 주제를 넣으면 된다. 예를 들어 생성하고자 하는 주제(예, 엔젤다빈치 AI아카데미 홈페이지)를 입력하고 진행하면 주제에 맞는 웹페이지를 2~분만에 생성해 준다.

여기서는 '프레젠테이션' 만들기를 실습해 보기로 하자.

(4) 생성으로 프레젠테이션(PPT)을 만드는 방법

먼저 생성 화면에서 '프레젠테이션'을 선택한다.

[그림12] 생성할 파일 형식 선택하기

(5) 주제 설정하기

생성하고자 하는 '주제(예, 시력 보호를 위한 방안)'를 입력한다. 만들고 싶은 PPT의 수(8 카드), 언어(한국어)를 선택하고 하단의 '개요 생성'을 누른다. 무료 버전에서는 한 번에 최대 10카드까지 생성이 가능하고, 유료 버전에서는 한 번에 최대 25카드까지 생성이 가능하다.

[그림13] 프레젠테이션을 선택 후 생성할 주제 넣기

(6) 목차 생성 및 설정

자동으로 '목차'가 생성된다. 추가하고 싶은 목차가 있으면 '카드 추가'를 누르고 목차를 추가할 수 있다. 그런데 이렇게 한 번 수정 시마다 10크레딧이 차감된다.

'설정'에서 카드 당 텍스트의 양을 적게 '요약'할 것인지, '보통'으로 할 것인지, '상세'하게 많게 할 것인지를 선택한다.

'이미지 출처'에서는 삽입되는 이미지를 '웹 이미지 검색'으로 가져올 것인지, 'AI Images'에서 가져올 것인지를 결정한다. 이미지 라이센스도 세 가지 중 어떤 것을 사용할 것인지 결정한다. 다 결정됐으면 계속을 누른다.

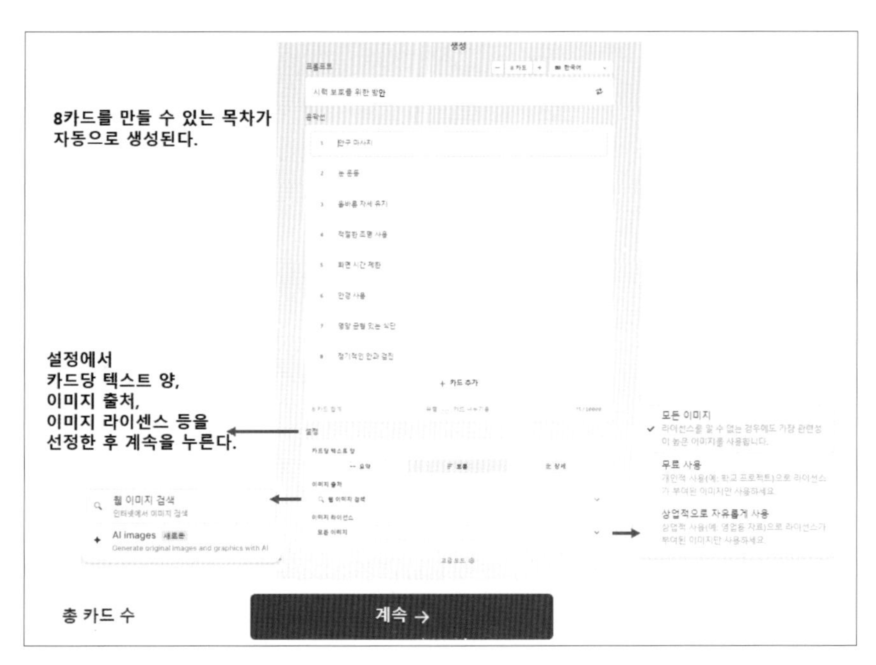

[그림14] 자동 생성된 목차와 설정 방법

(7) 테마 선정하기

원하는 '테마'를 선정한 후 생성을 누른다. 여기서는 오른쪽 아래 초록색으로 된 'verdigris'를 선택한 후 생성을 눌렀다.

[그림15] 테마 선택하기

(8) 결과 확인하기

1~2분 만에 8장의 PPT 카드가 생성된다. 즉 주제(시력 보호를 위한 방안) 한 줄로 총 8페이지(Pro 버전의 경우 25페이지)의 아주 세련된 PPT 파일을 만들어 주는 것이 Gamma app이다.

화면 왼쪽 사이드바에는 생성된 카드과 목차들이 작게 나타난다. 원하는 카드 번호를 누르면 그 카드가 활성화돼 나타난다.

화면 오른쪽 사이드바에는 편집 도구가 나타난다. 생성된 카드를 AI로 편집할 것인지, 직접 수동으로 편집할 것인지 선택할 수 있다.

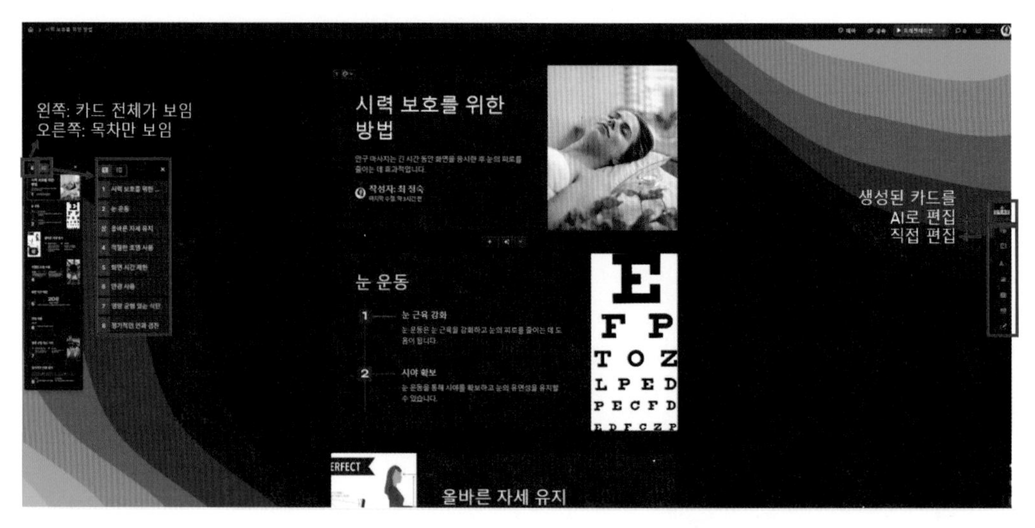

[그림16] 생성된 PPT 결과와 편집 방법

2) 편집 또는 수정하는 방법

(1) AI로 수정(왼쪽 사이드바)

'AI로 수정'을 누르면 선택 수정이 가능한 6가지 방법과 직접 수정 사항을 넣을 수 있는 창이 나타난다. 원하는 항목, 예를 들어 '더 전문적으로 들리게 만들기'를 선택하고 엔터를 클릭하면 다시 팝업 창이 열린다. 변경된 제안과 원본 중에서 선호하는 것을 선택할 수 있다.

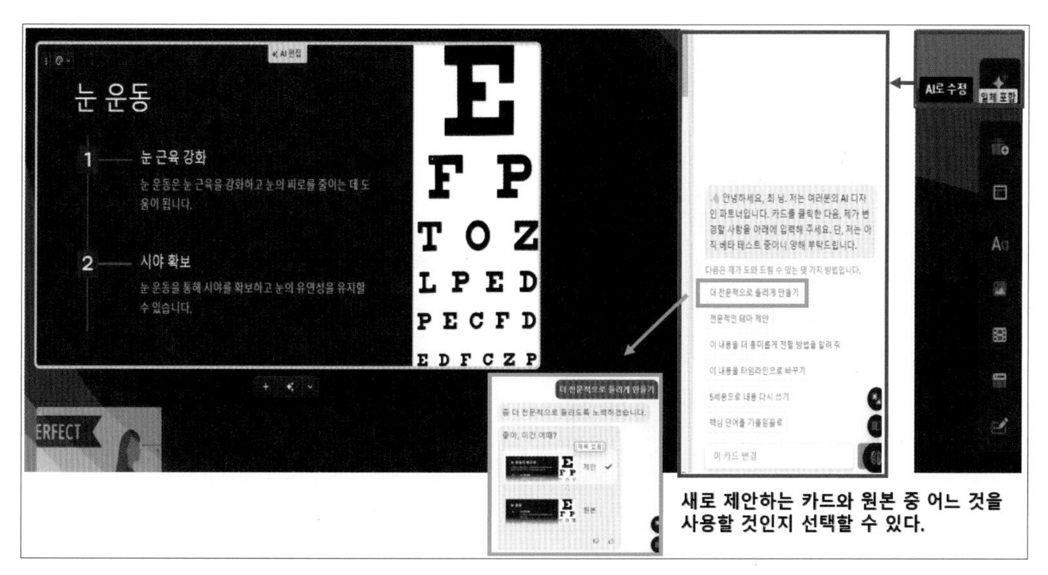

[그림17] AI로 수정하는 방법

(2) 직접 편집에는 7가지 옵션이 있다.

① 카드 템플릿 수정

한 섹션, 두 섹션, 세 섹션 중 원하는 카드 템플릿을 선택할 수 있다.

② 레이아웃 템플릿 수정

Columns, Smart layouts(blank), Smart layouts templates, 다이아그램 등 다양한 레이아웃 템플릿 중에서 원하는 것을 선택할 수 있다.

[그림18] 사이드 바로 직접 편집하는 방법(카드 템플릿과 레이아웃 템플릿)

③ Basic Block 수정

텍스트, 테이블 형태, 목록, 콜 아웃 상자, 인터렉티브, 기타 등에서 선택해 수정할 수 있다.

④ 이미지 수정

이미지를 업로드 혹은 검색해 변경할 수 있다.

⑤ Videos & media 임베딩

비디오나 미디어를 검색해 임베딩(embedding)할 수 있다.

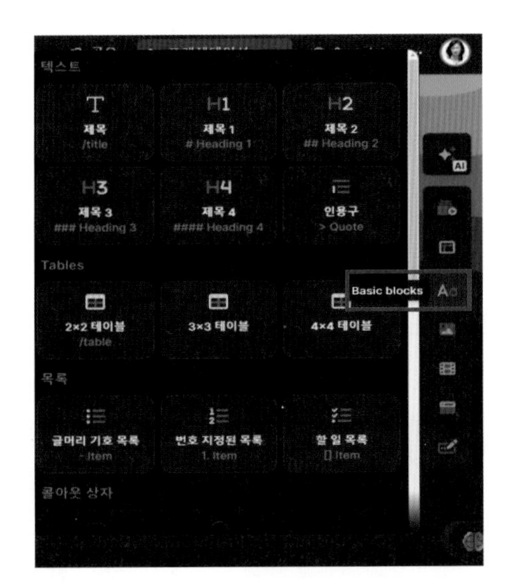

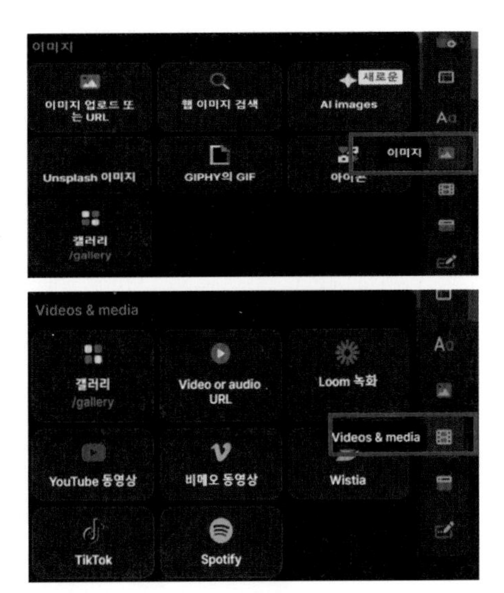

[그림19] 사이드 바로 직접 편집하는 방법(Basic block, 이미지, 비디오 및 미디어)

⑥ 앱이나 웹페이지 임베딩

⑦ 양식 및 버튼

양식 및 버튼을 사용해 링크를 연결할 수 있고, 구글폼도 연결해 수정할 수 있다.

[그림20] 사이드 바로 직접 편집하는 방법 (앱 및 웹페이지 임베딩, 양식 및 버튼)

(3) 생성된 PPT 카드 내 편집

① 왼쪽 상단의 세 점을 눌러 카피, 링크, 저장, 삭제 등을 할 수 있다.

② 팔레트 형태를 눌러 이미지 layout을 수정하거나, 카드 색상을 변경하거나, 카드 크기나 배경을 수정할 수 있다.

③ 마우스를 글자 옆으로 움직이면 세 점이 나타난다. 세 점을 누르면 원하는 형태로 텍스트를 수정할 수 있는 다양한 메뉴가 나타난다.

[그림21] 생성된 PPT 화면 위의 편집 기능

3) 메뉴바의 기능(오른쪽 상단)

① 테마를 변경할 수 있다.

② 협업할 작업 공간 구성원을 초대하거나 링크를 생성해 공유하거나 '내보내기' 할 수 있다.

③ 프레젠테이션을 눌러 프레젠테이션을 이 탭에서 혹은 전체 화면에서 시작할 수 있다. 팔로우 링크를 공유할 수도 있다.

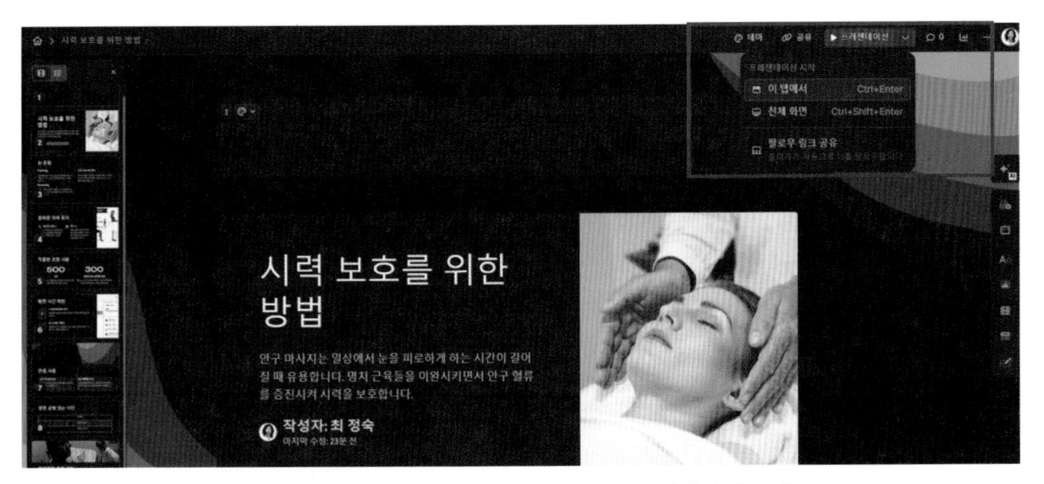

[그림22] 테마 수정, 공유 링크 생성, 프레젠테이션 방법

④ 댓글을 달 수 있다.

⑤ 생성된 PPT의 조회수를 분석할 수 있다.

⑥ 오른쪽 상단 세 점을 누르면 다양한 명령이 나타나는데 복제, 사이트 추가, 실행 취소, 버전 기록 보기, 이 PPT 생성한 소스 프롬프트 보기, 페이지 설정 등을 다시 할 수 있다. 내보내기를 눌러 PDF나 PPT로 내보내 저장할 수 있다. Gamma app 내에서 수정 편집할 수도 있고 내보내기로 생성된 PDF나 PPT가 더 익숙하면 거기서 수정 편집해 사용하면 된다.

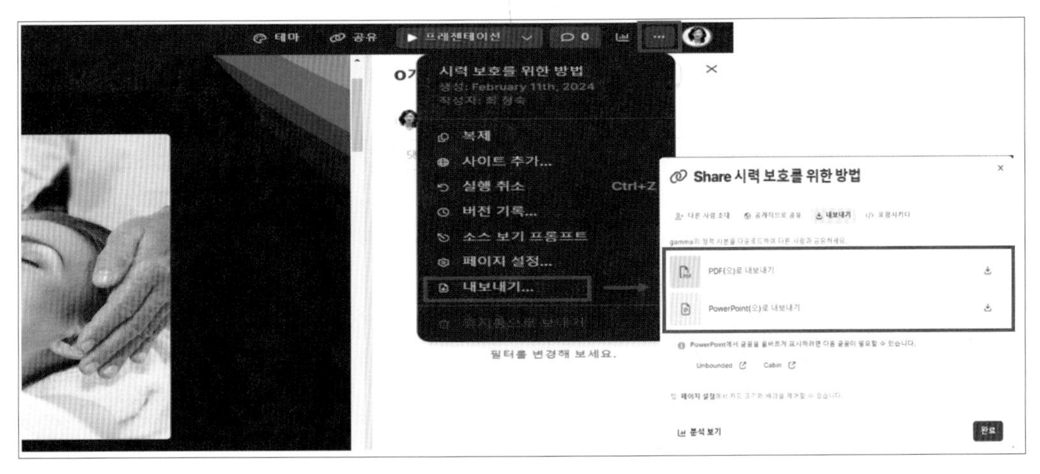

[그림23] 댓글 달기, 분석, 내보내기

Epilogue

여정의 마무리에 다다르며 우리는 'Gamma app으로 업무 효율 극대화하기'라는 탐구를 통해 많은 것을 배우고, 발견했다. 이 책을 통해 Gamma app의 파워풀 한 기능과 그것이 업무 프로세스에 미치는 긍정적인 영향에 대해 깊이 있게 이해할 수 있었다. Gamma app이 제공하는 혁신적인 도구와 기술을 활용해 우리는 업무의 효율성을 극대화하고, 결과적으로 더 나은 업무 성과와 개인적 만족을 달성할 수 있음을 목격할 수 있었다.

본서를 통해 독자 여러분은 Gamma app을 활용해 업무 프로세스를 혁신하는 방법에 대해 배웠을 것이다. 무엇보다도 이 책은 Gamma app을 단순한 도구를 넘어서 업무와 생활을 변화시키는 데 있어 중요한 역할을 할 수 있는 파트너로써 바라보는 시각을 제공했다.

우리의 여정은 여기서 마침표를 찍지만 여러분의 여정은 이제 막 시작됐다고 생각한다. Gamma app과 함께라면 업무에 있어서의 새로운 가능성을 탐색하고 그것을 현실로 만들어나갈 수 있는 무한한 기회가 있다. 이 책에서 배운 원칙과 기법을 실제 업무 환경에 적용함으로써 여러분은 업무 효율을 극대화하고 전문성을 한층 더 끌어올릴 수 있을 것이다.

'Gamma app으로 업무 효율 극대화하기'는 여러분이 업무와 일상에서 직면하는 도전을 극복하고 성공적인 결과를 이끌어내기 위한 도구와 지식을 제공한다. 이 책을 통해 얻은 지식과 통찰력을 바탕으로 여러분의 업무방식을 혁신하고, 개인적 및 조직적 성장을 이루길 바란다.

Gamma app과 함께라면 더 높은 업무 효율성, 더 나은 성과, 그리고 더 풍요로운 업무 경험을 달성할 수 있다. 여러분의 업무와 삶에 긍정적인 변화를 가져올 그 여정에 Gamma app이 함께 할 것이다.

Gamma app과 함께하는 여정에서 얻은 지식과 경험을 통해 여러분이 업무에서도, 인생에서도 최고의 성공을 이루길 진심으로 기원한다.